すいどうの楽学（らくがく）

中級編

熊谷 和哉

日本水道新聞社

すいどうの楽学　中級編　目次

第1講　水道序論……6
はじめに……6
1　水道とは、水道事業とは？～初級編の復習を兼ねて～……8
2　水道の機能と役割～水道は何をしているのか～……10
3　水道の略史～わが地域の水道は？相対位置を知るために～……21
4　水道の分類……27
5　水道事業の現在体制……32
6　水道序論　水道の機能と水道事業体制のまとめ……41

第2講　水道計画……44
1　水道計画とは～水源と需要地をつなぐ水道計画～……44
2　水道計画の二大要素「容量」と「配置」……46
3　施設配置の決まり方……50
4　「給水量」の設定……53
5　施設容量の決まり方……54
6　水道計画のまとめ……57

第3講　管路技術……62
1　管路輸送の基本……62

2　管径と流量……63
3　水道管網と管路システム……66
4　管路技術のまとめ……73
第4講　浄水処理……74
1　水道の中核技術としての浄水技術……74
2　緩速ろ過システム……77
3　急速ろ過システム……79
4　高度処理……82
5　膜処理……85
6　塩素処理……88
7　浄水処理のまとめ……89
第5講　水道の予算と会計・財務……92
1　水道事業の事業会計……92
2　水道事業の予算構成……93
3　収益的収支・資本的収支の内容……97
4　施設資産と単年度決算制　減価償却費を理解する……99
5　水道事業の財務諸表　損益計算書と貸借対照表……105
6　水道料金と設定法……114
7　会計・財務のまとめ……118

第6講　水道事業の実施体制……122
1　水道事業の人員体制……122
2　資産管理の活用方法～アセットマネジメント～……125
3　民間委託　官民連携の基礎……130
4　広域化と広域連携　地域全体での再評価……134
5　水道事業の実施体制のまとめ……135

第7講　水道法の楽学・中級編……138
1　水道法の構成……139
2　水道法の基本内容……141
3　水道の基盤強化……145
4　改正水道法の概要……150

おわりに　水道人中級編卒業者へ　上級者に向けて……156

よもやま話(1)　海水淡水化……30
よもやま話(2)　大規模末端供給事業上位十傑（平成30年度）……36
よもやま話(3)　日本の民営水道　上水・簡水で700超事業……40
よもやま話(4)　近代水道創生十事業……42
よもやま話(5)　大規模用水供給事業……60
よもやま話(6)　水道用水供給事業創生五事業……61

よもやま話(7)　漏水率（無効水量率）の推移……72
よもやま話(8)　日本最大の膜処理浄水場……91
よもやま話(9)　水道料金の変遷……120
よもやま話(10)　職員数の推移……128
よもやま話(11)　国際水道会社……132
よもやま話(12)　浄水ことはじめ……137
■水道業界用語集……160

第1講

水道序論

はじめに

■〝楽学〟改めて自己紹介

まずは、『すいどうの楽学　初級編』の紹介から始めさせていただきます。書籍名は初級編と銘打っていますが、中身は、初心者編と初級者編の合本で「職業として水道に携わるようになったものの水道に関する予備知識ゼロ」の方を想定して書いたものです。いわゆる全くの素人が水道の仕事をする上で、最低限の水道の知識、水道の概観を得るためのもので、読む・勉強するという心理的負荷、時間的負荷がない、気楽に読める内容と分量を目指したものです。到達目標は初級者卒業であり、この中級編は、初級編程度の知識があることを前提にまとめています。

それでは、初級編はどのような内容だったか、簡単にご紹介します。「見えない水道を見てみよう」から始めて、小学校四年生で勉強する水道をとっかかりに、まずは水道業界の言葉に慣れること、具体的な水道施設や水道事業を取り上げながら言葉の意味を理解してもらおうと考えました。さらには、業務上付き合わざるを得ない業界用語や略称も盛り込み、水道法の読み方と勘どころを加えました。

この中では、水道施設が、それぞれ持つ機能によって、取水・導水・浄水・送水・配水・給水といった各段階に分類されること、水道事業は、「末端（まったん）給水事業」という各戸給水を担う事業の形態のほか、取水から送水だけを担う「用供（ようきょう）・用水供給事業」があること……そんなことを解説させていただきました。

水道業界用語の一揃いは、ここで慣れていただいたとして、その上での中級編です。思いのほか、初級編が水道事業を一通り網羅し、中級レベルに近い内容も含んでしまった結果、中級編をまとめるのに苦しむこととなりました。悩んだ結果、初級編との重複を恐れず、もう一度基本事項をおさらいし、具体の業務を進める際に知っておくべき、少しばかり高度な内容を加えていくことにしました。重複を単なる重複とせず、初級編では天下り的に「こういうものだ」としていたものを、その理由や根拠を記すことで、読者のみなさんが応用可能な「基本」を持てるように配慮したつもりです。中級編では、部門ごとの打ち合わせ会議の場で議論に参加できるレベルを目指しています。もう少しばかり、編集の意図やそこに至る経緯などを知っていただき本編に入ろうと思います。

1　水道とは、水道事業とは？〜初級編の復習を兼ねて〜

『すいどうの楽学　初級編』を終え、中級編として、当然のことながら中級者を対象に進めようと思います。さて、何を方針に中級編とするか？

初級編では、思いのほか小学四年生の学習内容のレベルが高かったので、これにきちんと解説を行い体系づける、同時に水道業界で使われている業界用語に慣れてもらう――この二つを基本方針に全体をまとめました。

さて中級編は？初級編で深追いしなかった内容について話を進めるのはいいのですが、それだけをまとめると、非常に散発的な話になってしまいますし、それだけで中級編と銘打つ勇気もなかなか持てません。

そこで、対象者として水道実務を3〜5年ぐらい経験したような若手職員を想定して、いくつかの部門業務を経験し最低限の水道事業を知った方が「水道事業ってこんなことの集合体として動いているんだ……」と何となく分かるレベルに進んでもらうことを目指します。

さて、私自身がそこまでの話ができるほど水道事業全般を分かっているのか？自信がないどころか欠落している分野がたくさんあります。ただ、このような本が意外にないのも確かです。自分の中で理解していないことを外付けするより、未完であることを自覚して、読んでいただける皆様とともにより良いものにしていくつもりで、出させてもらいます。

現在は、以前のように水道事業だけで人事が回る時代ではなくなりました。また、若手育成は「オン・ザ・ジョブ・トレーニング（ＯＪＴ）」（英語にすれば聞こえがいいですが）など、従来のような「習うより慣れろ」で職員の熟練を待つほど時間をかけられる時代でもないように思います。

現在は「5～10年で水道事業の全体を見通せて、私的水道ビジョンを何らか描ける」そういう人材が、またそういう人材育成プログラムが求められているような気がします。このようなところに少しでもお手伝いができればと思っています。よろしくお付き合いください。

まずは初級編の復習を兼ねて、「水道というものが何で、水道事業が何をしているか？」から始めたいと思います。

「水道」とは施設、ハードそのもの。導管を主体とした施設群です。それを用いて飲用適な水を供給する事業活動が水道事業となります。

水道は、ある一定以上の人口密度で人間が集積することで生まれたものでした。水の自給自足ができない状況、いわゆる市街、都市を形成し密集する都市・市街地形態が水道という形式を必然的に生むことになります。

水の供給というサービスだけを充足させる形式であれば、導管・管路輸送以外の手段もたくさんありますが、これほど重いもの（1㎥で1t）を、これほど安価（1tで200円程度）に、これほど大量に使いたい――そういった条件を満たそうとすれば、その実現手段は自ずと管路輸送に限定されてしまいます。水道が江戸時代以前から、世界的に見ればローマ時代から生み出されたのは、それなりの必然性があるからです。

都市の歴史と人間の生活レベルの向上に伴って、要求事項が高度化し、必然的に水道自体も高度化していくのですが、水道の基本は「居住域で自給自足できない水を後背地から導水する、その際に必然的に管路施設群となる」というものです。

2　水道の機能と役割～水道は何をしているのか～

■水量・水質の充足のために

都市形成により人口密度が上がり、その居住域において水の需給容量を超えると、後背地から水を導水してその都市を支えざるを得なくなる、その具体方策が水道である――。そんな話から始めました。このあたりを深掘りしたいと思います。

何もそこまで遡らなくとも……と思うかも知れませんが、ちょっと前に流行った「水循環」みたいな話として見てもらうのも一つです。それより何より、複雑化して「結局何だかよく分からない」みたいなものを理解しようとするとき、歴史を遡り、当初の単純な構図を頭に入れると、全体像が見通しやすくなることがよくあります。現在の現象面の説明だけをいくら聞いてみても意外と分かった気になれないのはよくあることです。

ひとまずそういうことにさせていただき、まずは水道が「何をしているか」と「もともと何をするものだったか」を同時に押さえた上で、水道の理解レベルを上げていきたいと思います。現在の水道事業の課題解決に役立つかどうかはいったん忘れていただいて、もう少し概論にお付き合いください（たまにはこういうことに触れるのもいいのではないでしょうか？具体的に何かを知るためではなく、全体像をゆるく見てみるということにお付き合いいただけるとありがたいと思います）。

◇　◇

やっと本題に入ります。水道は、その生まれ落ちた時から、水量と水質を充足させる運命にありました。説明としては、水道に求められたというより、それを求めた結果、水道が生まれたというのが正しい認識でしょう。水量、水質という言葉で済ませてしまうのは、分かった気に〝だけ〟させる説明かもしれません。水は1ℓで1kgもある比重の大きい液体で、あれば便利ですが、ないならないでそれなりの生活ができるものです（「砂漠や山岳地域でも生きられる」とまでは言いませんが、水であることが絶対に必要なのは飲用ぐらいです。

それ自体大した量（2ℓ／日）ではなく、つまり大した重さでもないということです）。

「健康で文化的な生活」、これがどういうものなのかは時代の要請で変わるものですが、今日的な常識から見れば、普通の生活を支えるために、1日数百kg（＝数百ℓ）の水量（1人1日平均使用量である原単位を思い浮かべましょう。）が必要になります。これほどの量をいちいち人力で、そのたびごとに（毎日？）運搬していたのでは、普通の生活は持ちません。いわゆる中世、日本だと江戸時代ですが、「水売り」は、大都市であれば世界各所にある業態でした。ここから近代的な生活へ移行することで水道が求められることになります。（世界的には、いまだに水くみ労働が残っている地域があります。これが女性や子どもの過重労働となり、人権の観点で問題視されていますが、問題の根幹にはこのような水の性質があります。）

量を求めた結果、専用路線を引いた常時輸送の形式としての水路・管路輸送が必然となります。水よりはるかに経済価値の高い石油も、結局パイプラインに頼らざるを得ません。タンカーがある？あれは海上（水上）輸送だからこそ成り立つのであって、国際輸送のような長距離を陸上輸送に頼るのは事実上不可能です（鉄道輸送で場合によってはどうにかなるかというレベルで、トラック輸送ではとても無理です）。水上輸送は輸送抵抗が小さいため、（常時・連続でない）都度の輸送が可能となっていると言ってもいいと思います。

管路輸送のもう一つの意味は、水源選択です。極端な話、河川下流にも海域にも水はいくらでもあるわけです。しかし、水質を求めれば、水源は何でもいいという話にはなりません。それは浄水技術が上がった現在においても同じことで、浄水処理が技術的に可能であっても、無理をすればそれは事業費用と料金にはね返ってきます。

1人1日数百kgの水を、1ℓ（＝1kg）数十銭（！）の単価で得ようとする、それに応えているのが水道です。せめて1kgで1円出してもらえれば……。1カ月の水道代がいくらになるか分かると思います。一般家庭（20㎥／日）で月2万円。それであれば水道事業がこんなに苦しむ必要もないのですが、そうはならないのが難しいところ。ここまで単価を上げれば水量そのものも減るように思いますし、結局、負担総額が水道料金を決めているので、1カ月数千円で水を供給するのが水道の宿命のような気もしてきます。

■水文（すいもん）における水道の姿

水道がしていることを何がどのように支えているか、というところに進みたいと思います。言ってしまえば、いかに水道が環境依存かという話です。

水源といって何を思い浮かべるか。ダムや河川、地下水や井戸……水道から直接見える水源はそんなところでしょうか。それは一体どこから来るのか、初級編を越えたところに踏み込みたいと思います。

日本の場合、島国ですから国際河川はありません。水資源の全ては降雨から始まります。この降雨はどこからやってくるのでしょうか？

降雨の約3分の1は蒸発して水資源としては活用できません。逆に言うと、日本列島の陸域で循環しているのは降雨量の約3分の1と言われており、残りの約3分の2は海域から供給されていることになります。海洋国家ならではの話で、たかが38万㎢の国土に1億2000万人以上が居住しているため、人間一人ひとりとしては決して水に恵まれた国とは言えません。それでも海のおかげで年間1700㎜＝1・7mもの降雨に恵まれているわけです。水源の元をたどれば「3分の2は海！」というのも事実です。

海洋性気候と言われるものを水の側面から見るとこういう話になります。以前、テレビ番組で、日本列島とその気候について面白い話を見ました。日本列島を平坦にして山をなくしたらどのくらいの雨が降るかというシミュレーションです。ある日の降水量は10分の1に。山脈のおかげで雨や雪が降るという話は小中学校で習う話ではありますが、改めて聞くと、海に面し、山が多い地形が水の恵みを与えている、水源だけでも様々な広がりのある話です。

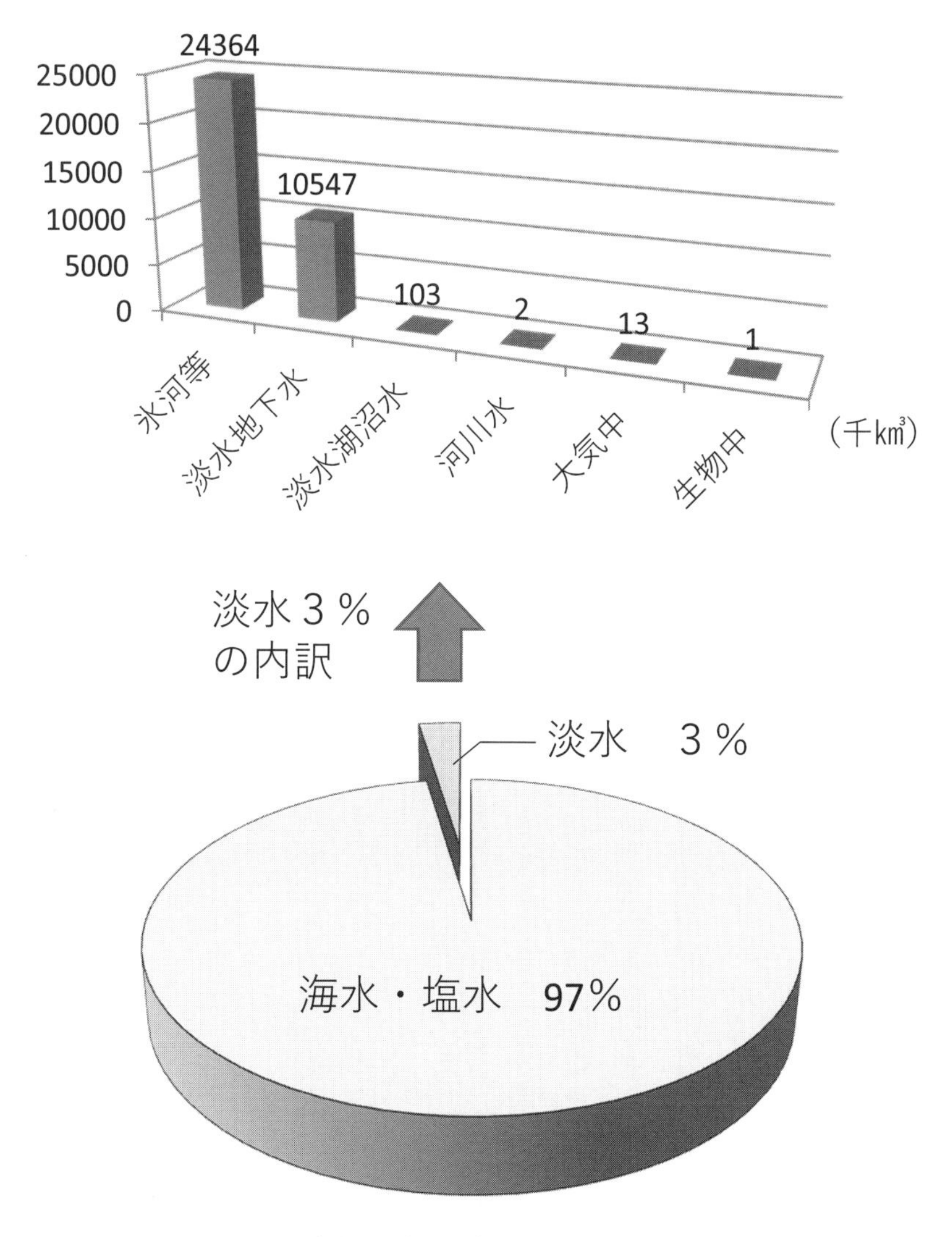

図１　地球上の水の比率
（淡水表流水は水全量の約0.01％程度）

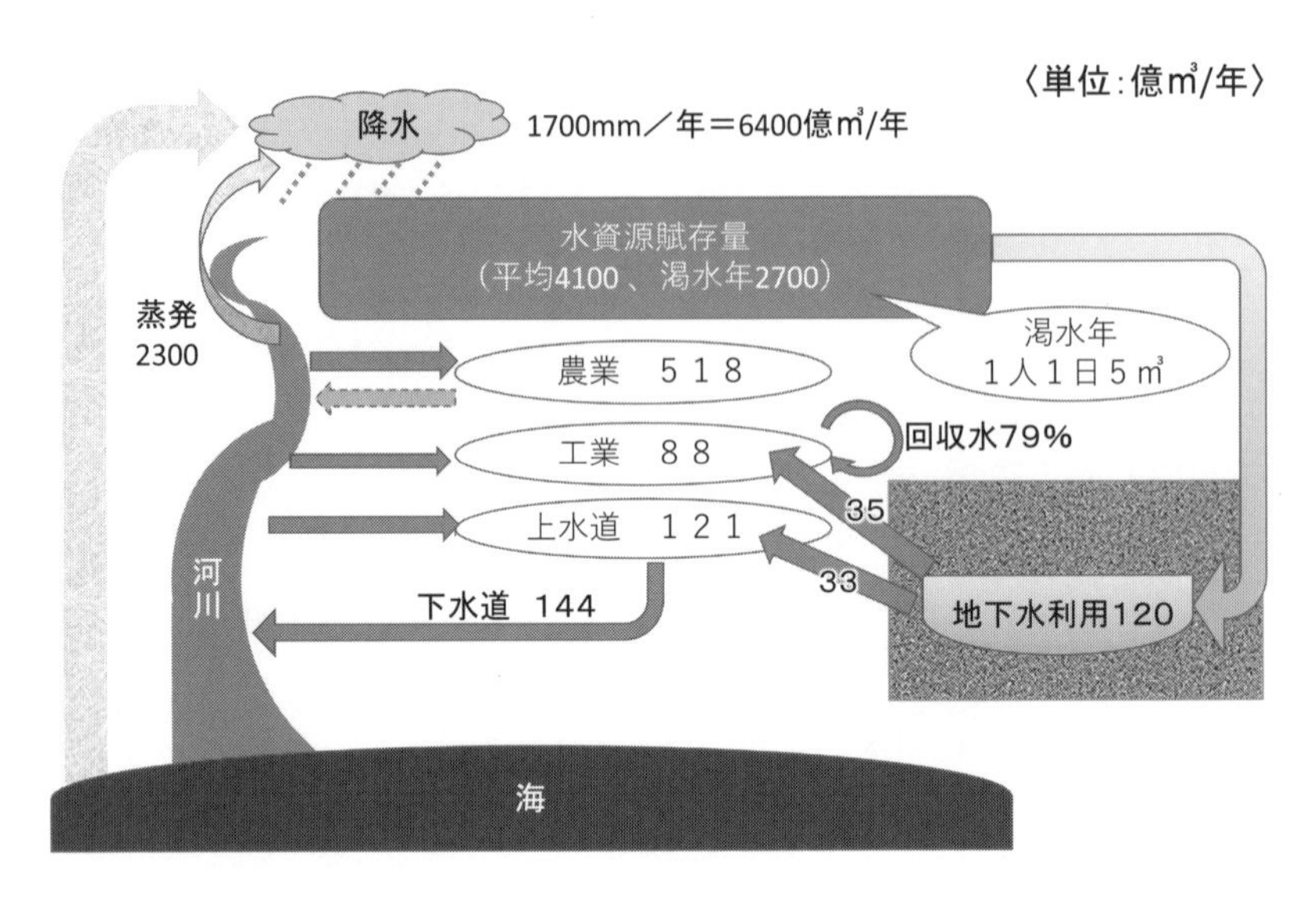

図2　日本の水循環
参考：「日本の水資源」（国土交通省）

そして、蒸発～降雨といった現象は平均して一、二週間で起こります。年間降雨量といっても、その20、30分の1の水量が、太陽エネルギーでぐるぐる回っているのです。

水資源は絶対量が問題ではなく、循環という現象がもたらす容量が問題となります。

このような計算をもう一歩進めると、都市とそれを支える水道がどういう条件で成立するかが分かります。水資源賦存量という言い方をしますが、降雨のうち実際に利用可能な水資源量の上限は日本の場合平均して単位面積当たり1000㎜（＝1m）程度です。1人1日の平均水利用量を0・5㎥ぐらいとしましょう。さて、1人でどの程度の水源面積を持て

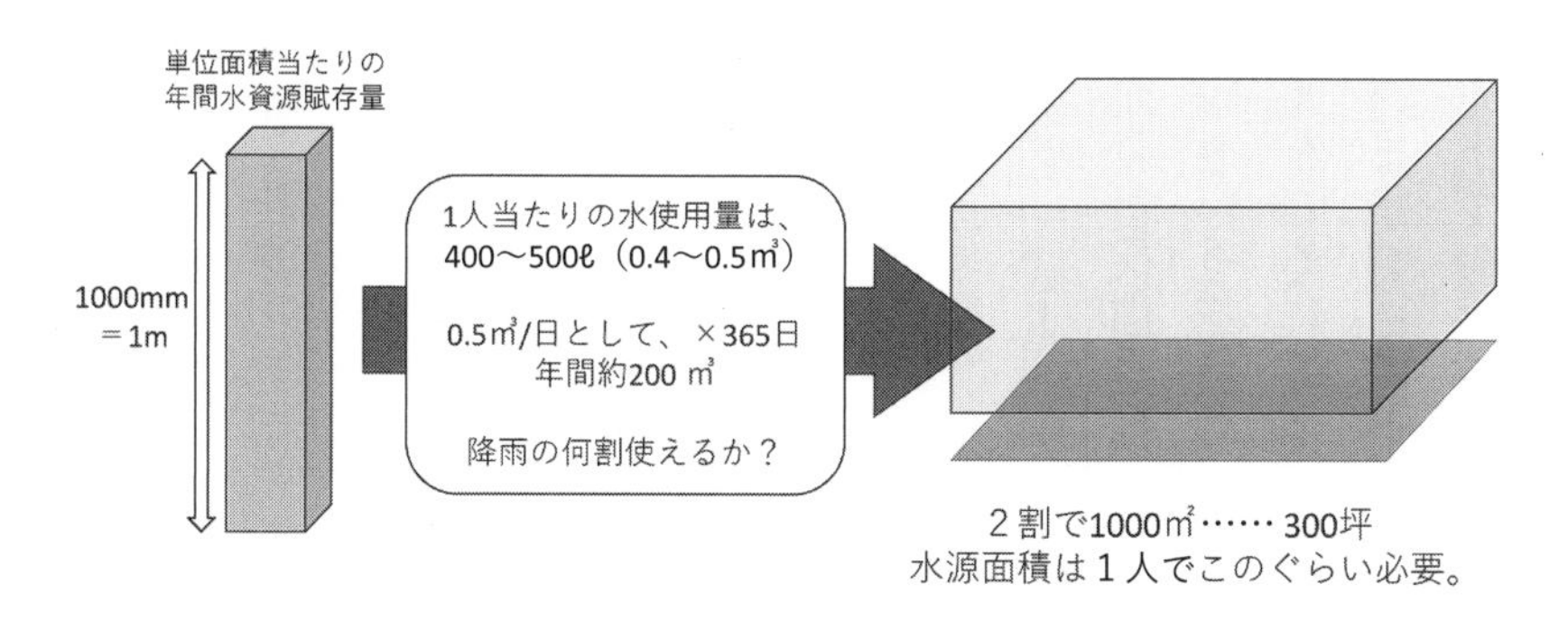

図３　水源面積（後背地）

ばこのぐらいの水利用が可能となるか？単純な計算ですが、問題は年間１０００㎜降った雨がどのくらい平準化されて河川に流出し水源となるかです。河川流量が大きく変動することを考えればそんなに簡単に全部使えないことは想像できます。仮に降った雨を全部使えたとしても一人につき２００㎡弱（70坪）の水源面積が必要です。森林とダムだなんだで貯留機能を持っても（よほど巨大な湖でもない限り）、台風、梅雨といった降雨特性の日本では半分を使うのも、相当大変です。例え半分使えても４００㎡、それも1人でです。とても大都市で持てる広さではありません。ワンルームに住もうとも、都市で生活しようとすれば、実際には５００~１０００㎡程度は後背地、水源地を持たないと生活できないです。水道の水源というと水量だけに目がいきがちですが、このような国土や都市域といった空間と結びついた制約条件の中で成立するということも知っておきたいものです。

水道による水輸送に戻りましょう。１ℓで１kgにもなる重たいモノをいちいち運んでいる場合ではない……なるべく街・都市より標高の高いところの水源を使って、自重（水の重さ）で勝手に街までできてほしい（自然流下）と考えたくもなります。もともと都市の立地場所を選択できた時代は、こういういくつかの条件を備えた場所を選んでいたわけで、水が制約条件となって集落や街、都市が形成されていた時代です。

人口増と都市化が日本全体で進みましたが、ポンプ技術と電力事情が改善された結果、水が制約条件とならず、都市形成を前提にどうにかして水を供給する時代、水が従属する時代となりました。それが顕著になったのが、日本の場合は１９６０年代以降の高度経済成長期と重なります。

このように水の立ち位置が大きく変わっても、変わらないのは「地形と水源に大きく左右される水道事業」という現実です。技術とエネルギーが都市の立地条件の制約を取り払ってくれても、「手間とお金」がかかることに変わりはありません。高い水道料金という形でしっかりと代償を払わされます。

太陽という無償のエネルギーが、基本的な浄水処理（蒸発＝蒸留処理）と標高の高いところに運んでくれるポンプ役（海水が蒸発して雲となり雨が降る）の二つの機能を果たしてくれています。その下にあるのが水道です。そのことをきちんと認識することが、水道を考えていく上での基本です。水道システムが言外の大前提として太陽エネルギーを取り込んだものと理解すれば、具体の水道事業で見えてくる現象面での差違がどのようなものか、容易に判断できるようになるかと思います。省エネルギーや環境対策なども求められると思いますが、事業効率の観点から考えれば十分かと思いますし、再生可能エネルギーの活用の本論は、自然流下の水道にすることです。そこまで望めなければ、小規模なポンプアップをやめ、一括で水を上げ、その後だけでも自然流下で再構成することでしょう。

自然流下方式の水道システムを構築するために先人が考えた、浄水場や配水池の立地、勾配をうまく使いこなすための水路建設やトンネル、こういった目利き・計画や土木工事そのものが本論であって、これが省エネルギーのため、今流に言えば「環境に優しい、持続可能性を考えた水道」にほかならないのです。

水源の元をたどれば、過半が海。その海から蒸発し、〝きれいな〟雨となり、河川や地下水となって初めて水道の水源という顔を見せます。その水源から都市・利用者までを管路でつなぎ、直接飲用可能な〝後〟処理を加える、それが〝水道〟です。この大きな水の循環（水文＝すいもん）の中の一部として存在・機能している水道の姿を少し思い浮かべていただければと思います。

水道の姿を、少しばかり引いたカメラ位置から見直してみました。すでに中級を通り越して上級レベルになりつつありますが、この中級編では「少し引いた位置から見る」、「歴史経緯の中において見る」、この二つの視点、立脚点を忘れずに進めていきたいと思います。

ミニ知識

日本の降水量

日本の降水量は平均で１７００㎜程度です。北が少なく南が多い傾向で、札幌市で１１００㎜、那覇市で２０００㎜です。また、多雨で有名な尾鷲市（紀伊半島・三重県）で３８００㎜、小雨で有名な瀬戸内・高松市で１１００㎜といったところです。日本海側、太平洋側で四季の降雨特性も違いますし、そもそも北日本では雨でなく雪が降ったりと、単に降雨量だけでは分からない降雨環境です。

3　水道の略史～わが地域の水道は？相対位置を知るために～

水道が（ほぼ）完全普及に至るまでには、紆余曲折様々な歴史経緯があります。水道の略史を知ると、皆さんが直接扱う水道事業がどのようなものなのか分かりやすくなります。直接扱う水道事業がまさに今の事業であって、過去からの経緯で見る時間軸が皆さんの中にできればと思います。

水道の歴史を考えるとき、「近代水道の歴史に限定する」というのもあります。また一方で、人の生活に遡り、もっと昔の「〝人と水〟みたいなところから始める」というのも一つ。ただ、勉強量の割には得るところも少ないという私の経験から、ここではその中間、「水道」や「上水」という言葉ができたその時点を起点に歴史を追ってみましょう。

「水道」や「上水」といった言葉が現れたのは江戸時代前後のこと。城が単なる防衛上の拠点から、平場に作られ城下町を形成するようになった時代。この城下町という居住形態・市街形態が水道を生んだと言えます。

「水道」は水路というある種の土木構造物を指す言葉だというのは分かると思います。「上水」も同様に飲用のための水路を指す言葉として生まれていて、「水道」が指すものと「上水」が指すものについて、特に差違はありません。先に完成し使われたのは「上水」の方で、日本初は「小田原早川上水」（１５４５年）と言われています。これは灌がい（農業）と飲用の併用のもので、二つ目の「神田上水」（1590年）が飲用・生活用専用として作られた第一号です。ちなみに「水道」という言葉を付けた第一号は、四番目の「水道」・「上水」である「富山水道」のようです。

この時期の「水道」というと、水源からの水路（水面が露出しているもの、専門用語としては「開水路」。ちなみに、対義語は「管路」で、水面がなく全て水で満たされた状態で送られる、いわゆる管のことです）をイメージすると思います。確かに街中まで持ってくる導水部はこのような形式をとりますが、少なくとも江戸時代の江戸、その街中では地中に埋設された管で供給されていました。しかし、これも開水路。残念ながら水圧をかける技術がありませんでしたので、最後はつるべでくみ上げることになります。よく時代劇などで井戸に見えるものがありますが、これの大半は上水（水道）井戸です。

江戸時代中期以降の江戸（人口約200万人）の水道普及率は60％程度と言われており、大名屋敷や城下近傍にはほとんど水道があると言っていい状況でした。この時代から、道路の下に管が埋められ、管でありながらその中に水面を持つ（満水にならない）、開水路状態で水が運ばれていたのが江戸時代の水道です。このような形式のものがいわば日本水道の第一世代と言えます。

さて、この時代の水道からいわゆる近代水道、横浜を創始とする現在の水道に移行するわけですが、これを分ける差違は、その形態から見れば圧力給水と、ろ過や消毒といった水処理です。これらを必要とした理由は、外来の水系伝染病（コレラ、赤痢、チフス等）への対策のためでした。

鎖国政策の廃止により海外との交易が始まり、港湾都市を中心に近代水道が必要とされるようになりました。通水開始の順番で見ると横浜、函館、長崎となり、その後、大都市も水道の建設に名を連ねますが、明治期に水道を創設した都市を見ると、その都市規模に比して

圧力給水の意味

管水路による圧力給水により、水をくみ上げる必要がなくなりました。家屋内で蛇口をひねれば水が出る、という利便性への大きな貢献が一番ですが、その他に水質面でも大きな意味があります。圧力をかけることで、外部からの汚染侵入を防ぐというものです。水道の場合、入ってくるぐらいなら漏れる方がよほど良いということになります。一方、下水道管の場合、漏れるぐらいなら入ってくる方が良いという話で、上下水道で設計思想が真逆というのも面白いかと思います。

港町が目立っています（42ページ「よもやま話　近代水道創生十事業」参照）。この明治期から始まった近代水道、これが水道第二世代に当たります。これにより普及率が向上し、第二次世界大戦前には35％に達し、都市の公衆衛生を支えました。

戦後、復興期の終了とともに突入した高度経済成長期に、水道事業の形態として大きな構造変化が起こります。水源開発と水道用水供給事業の誕生です。戦前に通水を始めたのは日本最初の水道用水供給事業である現在の阪神水道企業団が唯一の例で、それ以外の用水供給事業は全て戦後の事業開始です。戦後の人口増加と都市化の拡大、高度経済成長期の事業系需要の増大といったところを背景に大都市圏が形成されましたが、このような大都市圏を中心に、都市近傍の水源を活用した市町村単位での水道事業が立ち行かなくなっていきます。

第二世代の水道が取水から給水まで一つの事業で担う末端供給完結型であったのに対し、水不足へ対応するため、それぞれ分業体制をとりました。水資源開発を「国」、その受け皿としての浄水を受け持つ水道用水供給事業を「都道府県」もしくは「広域自治体（一部事務組合）」、都市内の末端供給を「市町村」という三層構造に変化していくことになります。いわば水道第三世代というべき事業体制に移行したわけです。もちろん用水供給事業が存在しない都道府県もありますが、多くの都道府県ではこのような三層構造を持ち、現在に至っています。用水供給事業も、浄水容量を全て引き受けるわけでなく、末端供給事業の不足分を補う形で誕生し、拡大していきます。現在の用水供給事業と末端供給事業の複雑な事業関係、施設関係はこのような、増加需要への対応という末端の補完機能を中心にでき上がってきたものです（人口減少に伴い需要減となる今後、この両者の関係をどのように整理していくかは表面的にも見える分かりやすい問題の一つです。末端供給の施設容量と違い、用水供給の施設容量は、複数事業で共用できる貴重な共有施設です。これを考慮しながらどのような将来像を描くかが今後です。いわば水道第四世代へ向けた試行錯誤といったところではないでしょうか)。

まとめると、江戸時代前後に「水道」、「上水」という施設が生まれ、城下町の道路下に管路が埋められる形態が出てきます。

江戸末期から明治時代の開国により、外来の水系伝染病対策として、主にイギリスの技術に習い近代水道が導入され、第二次世界大戦までに普及率は約35％に達しました。

戦後の戦災復旧・復興の時期を経て、その後の高度経済成長期に人口増加と都市化に対応し、普及率を拡大、さらに水源開発・水道用水供給事業・末端供給事業の三層構造という役割分担により完全普及に近いところまで拡大拡張して現在の水道事業体制に至った——これが日本の４００年の水道略史になります。

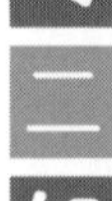

管路
（満水、水面なし）

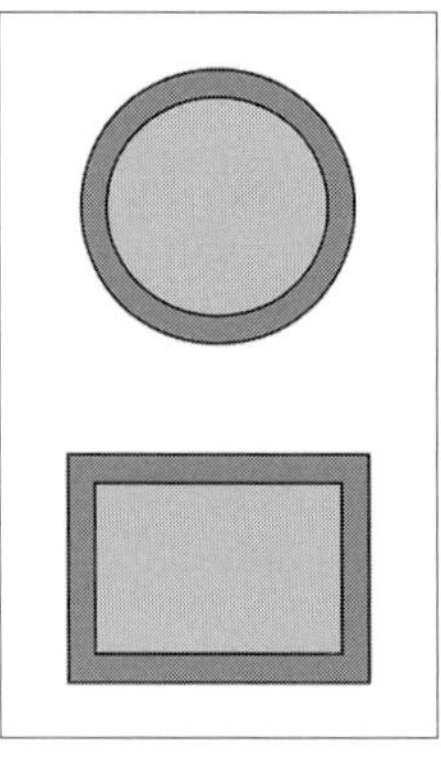

開水路
（〈自由〉水面あり）

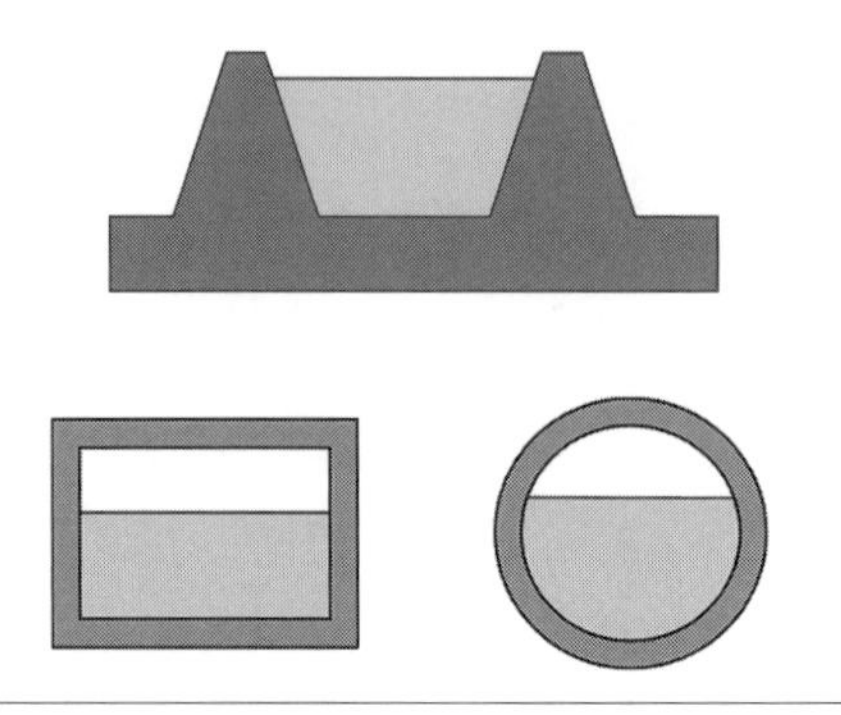

図４　管路と開水路

管路と開水路

水の輸送に大きく2通りの方式があります。それが、管路と開水路です。上水道では、導水部分を除けば全て管路ですので、開水路を意識することはないかも知れません。開水路の流れは、河川や用水路、身近なところですと道路側溝のU字管の流れが典型です。このようにそもそも管でなく上が開いている水路は開水路の流れですが、上が閉じた円管などでも水量が少ない場合は開水路の流れとなります。下水道では、水量が少ないときは開水路の流れ、水量が多くなって満管になれば管路の流れということになります。

4　水道の分類

ここまで何気なく、「水道」とか「水道事業」などと使ってきました。実は、それなりに使い分けをしてきているのです。このあたりで用語の定義と水道の分類について整理しておきましょう。

（1）水道
「水道」は、狭義には、取水から給水栓・蛇口まで（取水～導水～浄水～送水～配水～給水）を支える施設群のことを指します。広義には、これらを実運用して、飲用適な水を供給するという機能を発揮している状況を含めた意味と考えています。この点で言えば、後述の水道事業と類似の用語ですが、施設を中心に見る場合はこちらを選択しています。

（2）水道事業
「水道事業」は、施設を運営している事業体制を指す用語として用いています。狭義には、水道法（＊1）で定義される「計画給水人口百人を超える事業」で、5000人以下であれば簡易水道事業、5000人を超えると上水道事業と言います。計画給水人口であって、実給水人口ではないところに要注意です。水道（という施設）を設置（布設）する際の計画で分類されることになります（こうすることで、行政的には設置しようとする際に簡易水道事業

（＊1）水道法の概要については、第7講水道法の楽学・中級編を参照のこと。

と上水道事業のどちらに該当するかが決まるという利点があります）。また、水道事業は、一般需要、不特定多数に応じる事業であることも要件になっています。

（3）専用水道

一般需要に応じる「水道事業」に対して「専用水道」は、言葉の通り特定需要を対象とした水道事業になります。〝水道事業の施設〟も〝専用水道の施設〟も施設としては何も変わるところはありません。どのような需要に応じるかで区分されます。専用水道の具体的な対象は、社宅であったり、限定された住宅開発やリゾート開発地区などです。これら以外にも対象に多少の自由度を持って、周辺需要を取り込む予定があれば、水道事業として実施する例もあります。設置者の対象に対する認識、その限定方法によりどちらを選択するか決めているのが実状です。

（4）簡易専用水道

「簡易専用水道」は、水道事業の施設（＊2）に直結せず（水道施設である管路とは、給水装置である給水管を介してつながっている）、原水の全てが水道事業から供給されるもので、一定規模以上（貯水槽容量10㎥以上等）など、いくつかの要件に合致したものを言います。具体的には、集合住宅（アパート、マンション）やビルといったものに設置される水道で、貯水槽から始まる建築物内の水道といったものです。

（5）水道用水供給事業

（1）～（4）までの水道は、個人、世帯といった需用者を持つ水道の分類ですが、「水道

（＊2）水道法上では水道事業の保有する施設（浄水場や管路など）を「水道施設」と定義して、給水管や給水栓などの「給水装置」と定義する個人所有の施設・設備は「水道施設」から除外しています。

用水供給事業」は、このような個人の需用者を持たず、「水道事業を需用者とする（＝水道事業を相手に水を供給する）」水道事業になります。水道事業の機能のうち「配水」を持たず、基本的に「取水から送水まで」の機能だけを持ちます。

水道は、ここまで挙げた五つに大きく分類されることになります。この本では、専用水道や簡易専用水道にはあまり触れません。これは、水道事業や水道用水供給事業に携わる方の教科書として構成していることによりますが、水道の基本知識として知っていただければと思います。

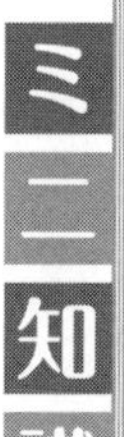

水道普及率

水道普及率を水道統計などで見ることがあるかと思いますが、これは簡易水道事業を含めた水道事業と専用水道の利用者を計上したものになっています。これは、より小規模である自己管理の水道、国庫補助事業になっている飲料水供給事業（計画給水人口50人～100人）の利用者は含まれない数字となっています。

よもやま話 1

海水淡水化

海水淡水化は水資源に困ることから見れば夢の技術。水なんて海に行けばいくらでもあるし、蒸留法のような原始的な原理でも行えるので簡単に思えるかもしれません。しかし、経済性を含めると水道にとっては、相当難しい技術と言わざるを得ません。

そもそも、海水中の成分というのは、溶けるべきものが溶け、そのまま水中に安定的に存在している状態です。水を得る立場からすると、塩（塩化ナトリウム）がジャマなのですが、塩がほしい立場でも水抜きは大変な話。お互い相性が良すぎて、片方からもう片方を分離するのも大変な話です。化学で勉強したイオン化傾向とか周期表で、ナトリウム、カリウム、マグネシウムがどこにあったか思い出せば、実は一目瞭然です。

もともと高コストの海水淡水化技術の中でも、現時点で比較的経済性が高いのは、逆浸透法です。膜処理技術の一つで、海水に圧力をかけ、逆浸透膜でろ過すると淡水が得られるというものです。逆浸透膜は、水の分子程度の大きさのものは通しますが、塩分などの大きな分子やイオンは通さない程度の穴となるように作られています。淡水と海水を膜で隔てると塩分濃度が均一になるように作用しますが、塩分は通しません。淡水が海水側に浸入する現象だけが起こることになります。この淡水が浸入しようとする力を浸透圧と言います（ある一定量進入すると淡水側と海水側の水位差ができ、そこで平衡状態となります。この水位差を浸透圧と理解してもらえれば分かりやすいかと思います）。

このような現象の「逆の現象」を圧力をかけて起こすのが逆浸透法です。また、経済

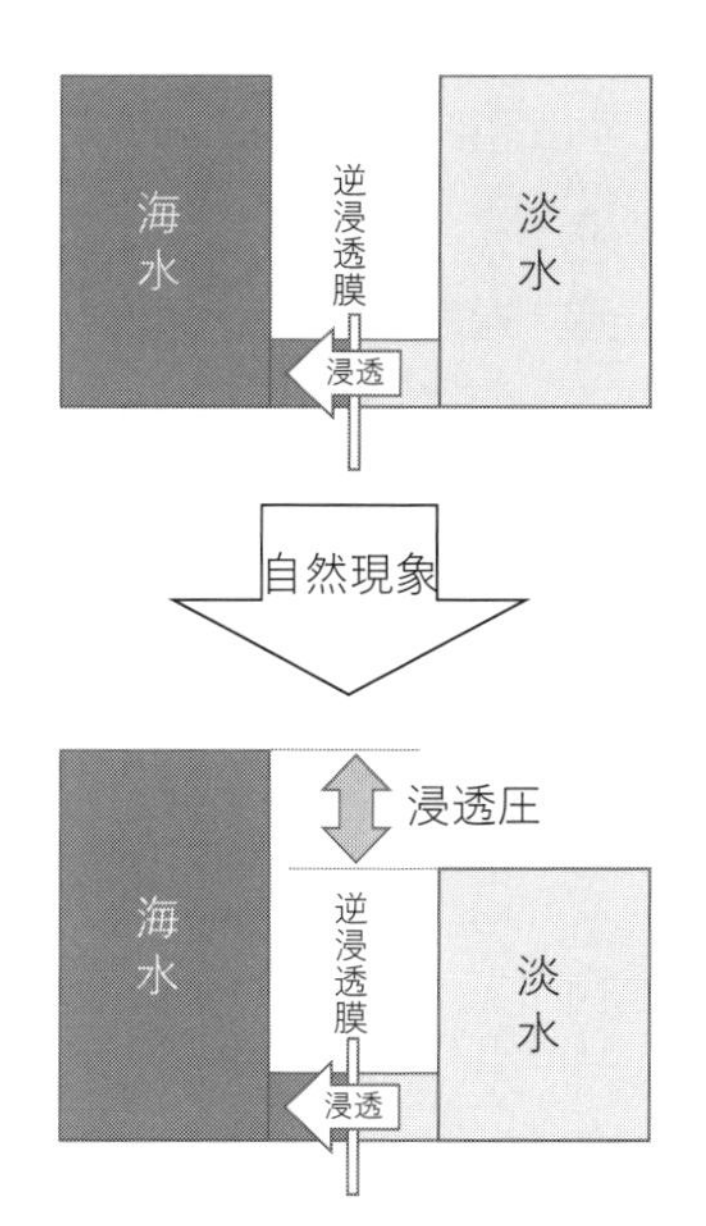

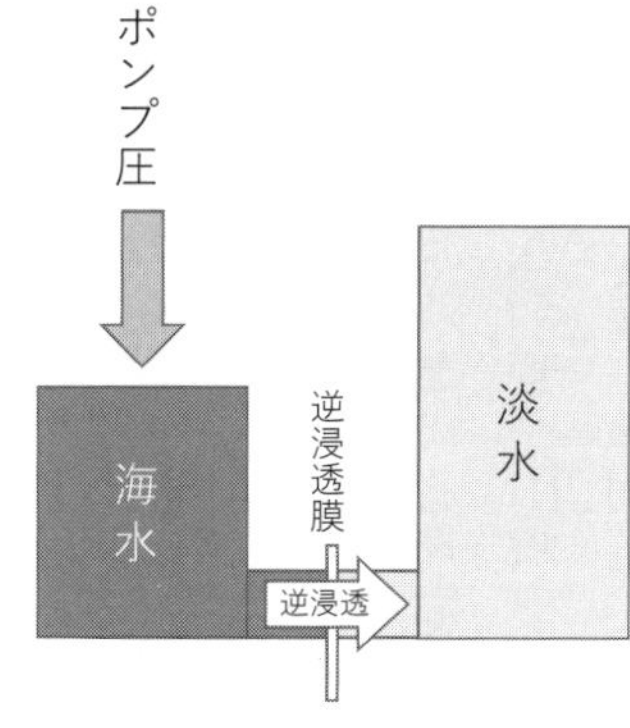

【海水淡水化（逆浸透）処理】
電力でポンプ圧をかけ、自然現象と逆の現象を起こす。

図５　海水淡水化のイメージ図

性と技術的な問題から、海水の半量ぐらいを淡水化、もう半量を塩分濃度が倍となった水として排水するのが主流になっています。規模や管理方式により様々ですが、一般の浄水処理が10～30円／㎥程度であるのに対し、その10倍以上はかかる技術（圧力をかけるためのポンプ稼働の電力代がその主たる費用です）で、残念ながら、一般的な浄水処理とはなりがたいところです。

国内最大級の海水淡水化施設は数万㎥／日クラスで、福岡地区水道企業団が持つ５万㎥／日、沖縄県営水道が持つ４万㎥／日の二つといったところです。中近東などではかなり大規模なものもありますが、産油国ならではで、火力発電所などと併設で廃熱や電力を活用して設けるのが通常のようです。

5　水道事業の現在体制

■用水供給事業に見る各地の特性

自らの事業を考えるとき、全国的に見てどうかという相対位置を考えてみるのはいかがでしょう。何が普通で何が標準かは、それ自体をどのような観点で見るか明確にしないと意味のないものです。ここでは、それを、全国の水道事業の現在体制に求めてみます。

戦後の水道事業を見ると、「大都市圏を中心とした水需要増大への対応」と「生活衛生レベルの向上のための普及率拡大」の大きな二つの動きが見てとれます。前者が、水資源開発と用水供給事業の普及・拡大、結果としての水道事業の三層構造化、後者が簡易水道を中心とした地方や中山間地域への水道普及に当たります。後者は、水道普及率向上策で、事業運営の側面が薄いこともあるため、ここでは、前者の用水供給事業を追っていきます。

市町村経営を原則とする水道事業。それ故に、特殊な用水供給事業に注目することで各地の特徴が見えてきます。用水供給事業といっても、47都道府県中10都県は用水供給がありません。地域ごとの違いを知るのも中級編ならではだと思います。

用水供給のない10都県の一つが東京都ですが、ここは都道府県が末端事業を実施するとい

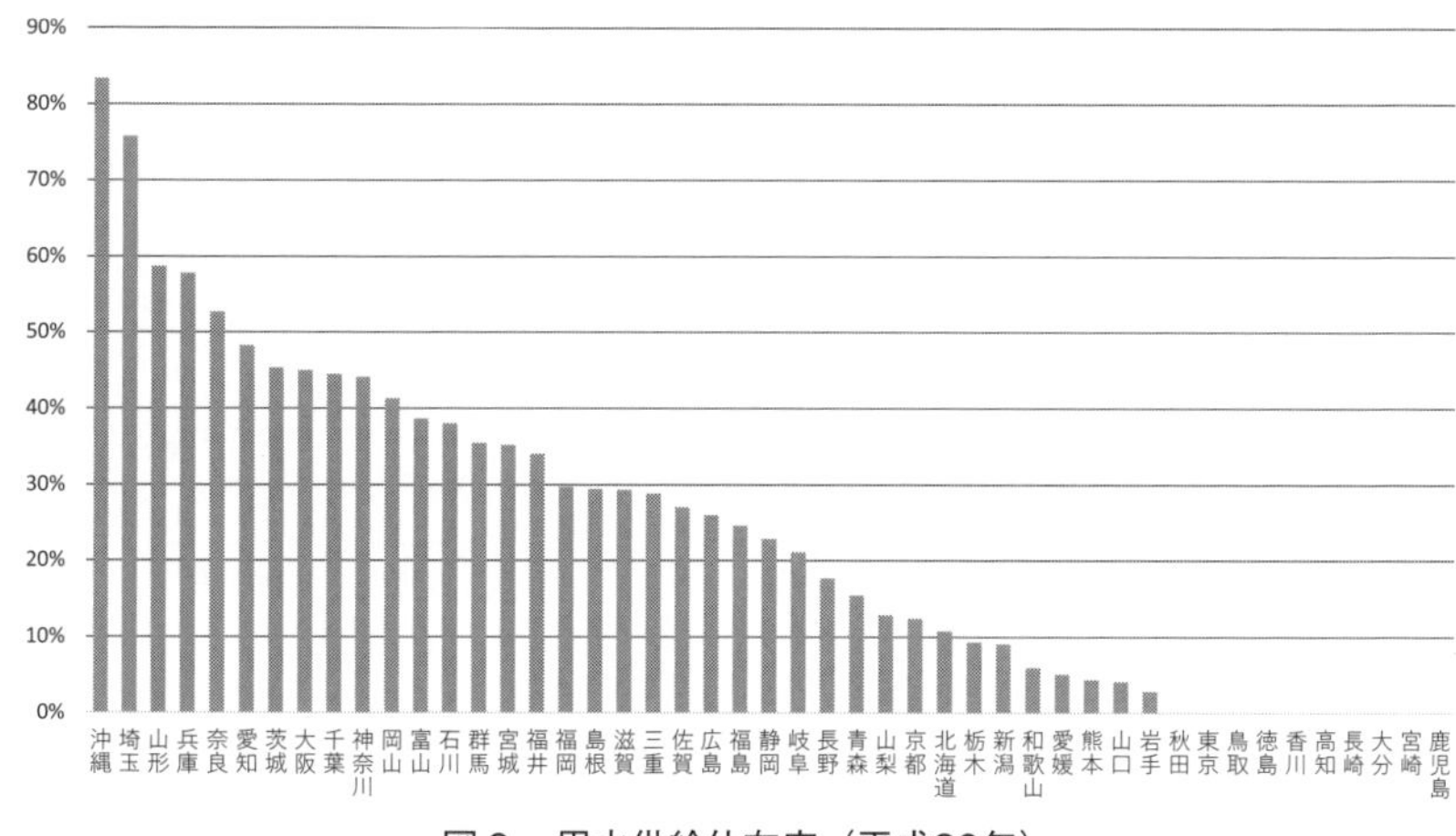

図6　用水供給依存度（平成30年）

う意味で、用水供給の有無に注目するよりも「都道府県末端事業」、それもほぼ都全域を都が実施するという方で理解すべきでしょう。また、香川県も県下で用水供給と末端供給が統合（平成30年4月より）した結果、県内一水道となって用水供給事業がなくなった県です。残り8県については、用水供給を必要とせず、末端事業で完結できたという意味で、水道事業の基本である「市町村経営原則」により県域全部を支えることができた県ということになります。

　用水供給に依存せず原則の体制で済んだ都道府県数が2割弱というところに、高度経済成長を背景にした人口増加と都市化の影響力を見ます。ちなみにこの8県は北から秋田県、鳥取県、徳島県、高知県、長崎県、大分県、宮崎県、鹿児島県です。恵まれた水環境で事業が行われている県と言うこともできます。

　一方で、用水供給事業への依存度（＊3）が高いところを挙げていくと、①沖縄県、②埼玉県、③山形県と

（＊3）浄水量に占める用供の比率を考えてもらえればよいです。末端と用供の浄水施設の規模（容量の比率）でも分かります。

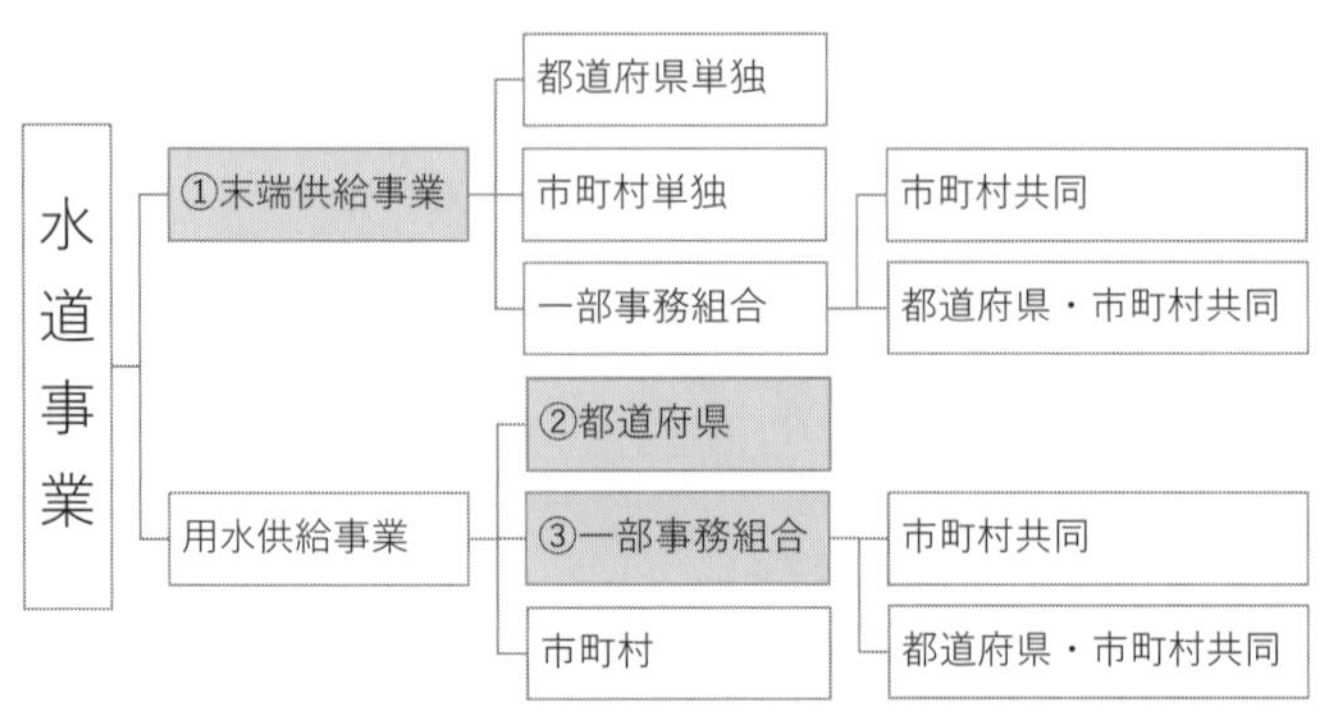

図７　用水供給事業の分類

なります。

用水供給事業について見ていくと、その主体は、都道府県、市町村の一部事務組合、また都道府県・市町村共同の一部事務組合、また特殊なものでは市町村単独のもの、と分類できます。都道府県内の用水供給事業を都道府県のみで実施しているのは17府県です。用水供給の担い手の中心が都道府県ではありますが、それだけで実施しているのが３分の１強というのもちょっと意外な感じが（私は）します。事業数で見ても全事業94事業のうち都道府県事業が42事業でやはり半数に満たない状況です。ちなみに、事業数トップは千葉県と福岡県の６事業でいずれも一部事務組合方式です。

水量確保のため、従来型の末端事業に用供を加えて対応した結果が現在体制の構図です。その用供の事業主体が、都道府県か市町村連合体の一部事務組合かで二つに大別できます。そして、①末端事業のみで完結、②都道府県用供、③一部事務組合用供、この三つの事業形態がどのように配置されているかで、その地域の水道が見えてくるはずです。

■都道府県体制の五分類

都道府県単位で特徴的なところを挙げながら現在体制をご紹介します。その際のポイントは用水供給事業です。水源からの取水そして配水まで、これら水道の全機能を一つの事業で完結させるのが本来の姿だとすると、水道の機能の一部を事業形式で切り出したものが用水供給事業です。このような形式の事業が８割以上の都道府県で行われているのが日本の水道の現在体制ということになります。

前項でご紹介した通り、末端事業完結型は10都県、市町村末端事業で完結するのがそのうち８県。例外の一つが、都道府県が末端事業を行い、かつ全域型で実施している、ご存じの通り（？）東京都です。東京都の場合、都政という行政体制からして例外的なものなので、どこまで遡ってお話するか、それなりの理解のレベルにいこうとすると、これだけで２講分必要かもしれません。それはここでの趣旨ではないので、ごくごく簡単に述べると、東京市水道局（この時代は東京府）が、東京都制（戦前の話です）に移行した際、東京市が解体され（東京市として実施していた市町村行政は東京都が実施することとなりました）、東京都水道局に衣替え、その後23区からいわゆる多摩地区（市町村エリア）に事業を拡張し現在に至るというものです。現在は23区プラス26市町村（島しょ部を除くと４市町村が市町村単独事業）、給水人口１３００万人の日本最大の事業です。水道広域化のモデルです。

これ以外に、都道府県が末端供給事業を実施するのは、神奈川県、千葉県、長野県があります。神奈川県は県庁所在地である横浜市や政令指定都市の川崎市などを対象とせず、県中央部の南北と湘南地域18市町、280万人を担う、給水人口第4位の大事業です。千葉県はいわゆる千葉市を含む京葉地域11市、300万人を担う給水人口第3位の大事業です。ここまできたので、大規模事業を紹介しておくと、第2位は横浜市の370万人、第5位が大阪市の270万人となります。

多少横道にそれてしまいましたが、都道府県末端事業として、全域型都道府県末端となる東京都、都道府県末端が中心都市域を担う千葉県、中心都市以外のエリアを広域に担う神奈川県といったものがあるというのが、ここまでのまとめです。

よもやま話 2

大規模末端供給事業上位十傑（平成30年度）

平成30年度末の給水人口の上位十傑です。①東京都1352万人、②横浜市374万人、③千葉県304万人、④神奈川県282万人、⑤大阪市273万人、⑥名古屋市245万人、⑦札幌市196万人、⑧福岡市158万人、⑨神戸市152万人、⑩川崎市152万人

ここまでが実給水人口150万人以上の末端供給事業です。100万人以上の給水人口の事業があと4事業（京都市、さいたま市、広島市、仙台市）です。

用水供給事業が広域的に行われ、その中でも都道府県が用水供給事業を中心的に担うところがあります。県庁所在地などの中心都市を含めた「全県型都道府県用供」の形態が、沖縄県、埼玉県、山形県、香川県（香川県広域水道企業団の設立以前）などです。逆に中心都市が独自で水源開発を行い、都道府県が中心都市の周辺部を担う「大都市抜け全県型都道府県用供」の形態をとるのが愛知県、京都府です。ここに大阪府も入れたいところなのですが、大阪府水道改め大阪広域水道企業団となった今、大阪府の体制は一部事務組合型の体制に入れなければなりません。ただ、大阪市を除く全市町村を対象に大阪府が用供を行っていた歴史経緯を見れば、ここに分類すべき事業のようにも思います。

「市町村一部事務組合型用供」の都道府県としては、福岡県が挙げられます。末端事業者の一部事務組合でほぼ全県域を担うという意味では、千葉県もこの類型ですが、末端事業を県が担っていることから、先に別扱いとしました。

兵庫県については、阪神水道企業団から受水している神戸市に注目すると、ここに入れたいところなのですが、兵庫県営水道が（県中央部から淡路島まで広域に）用水供給していて、県・一部事務組合併存型というべき形式が兵庫県全体の姿です。

ここまでの話をまとめます。元来、例外的な扱いになっている用水供給を中心に見ていくと、水道事業の体制が特徴づけられていて、地域を理解しやすいというのがポイントです。

①用水供給を必要としなかった「市町村末端完結型」都道府県が8県（統計上は、②、③

の東京都、香川県を加えて10都県）
②都道府県末端が広域的に事業を実施する「都道府県末端型」の東京都
③都道府県用供が全県域に事業を実施する「全県型都道府県用供」の沖縄県、茨城県、埼玉県、山形県、香川県（香川県広域水道企業団の設立以前）
④大都市が単独完結で、大都市周辺部を都道府県が用水供給する「大都市周辺型都道府県用供」の愛知県、京都府とその類型にあたる大阪府営水道時代の大阪府
⑤市町村一部事務組合が用水供給を担う「一部事務組合用供型」の福岡県とその類型に当たる千葉県、神奈川県
⑥都道府県と市町村が共同で一部事務組合を作り、広域の末端供給事業を行う「都道府県・市町村共同末端型」というべき新たな形の香川県（奈良県、広島県もこの類型を予定されています）

このような分類自体、私が勝手に作ったもので分類名も造語ばかりのため、支持いただけるかどうかは分かりませんが、都道府県単位で見るときのヒントにはなっているのではと思っています。現在の水道の体制はそれだけを見ていてもなかなか理解しにくいかもしれませんが、地域の発展の歴史と重ね合わせると分かりやすいと思います。

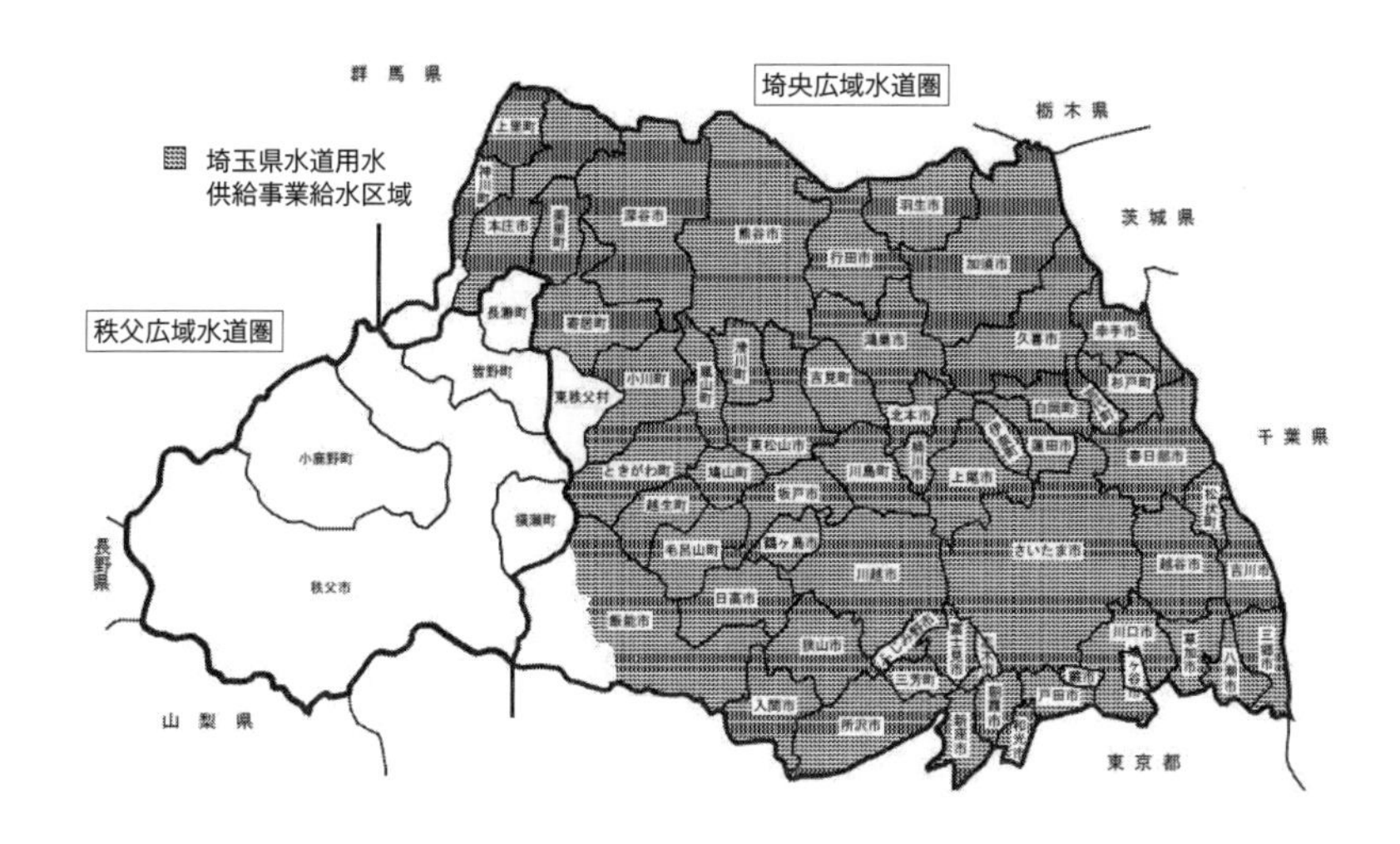

図８－１　全県型都道府県用水供給事業の例（埼玉県）

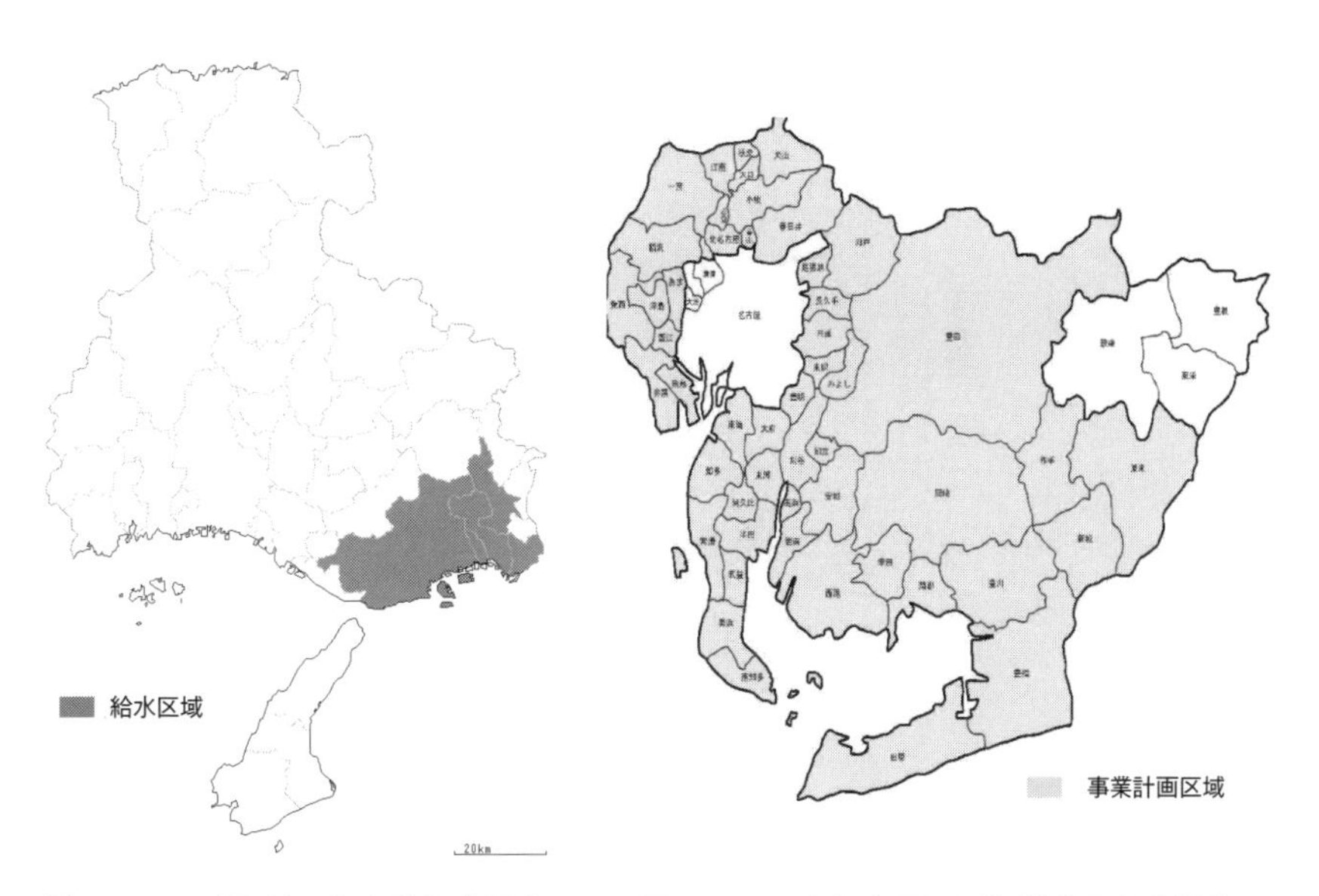

図８－２　市町村一部事務組合用水供給事業の例（阪神水道企業団）

図８－３　大都市周辺型都道府県用水供給事業の例（愛知県）

よもやま話 3

日本の民営水道　上水・簡水で700超事業

水道民営化といった言葉が流行って30年近くになります。民営化と言いつつ、なぜか民間委託の話が中心になっているなど、素直に聞くと腑に落ちない話が多いのもこの分野です。国内に民営水道があるのか？と思われる方も多いと思います。日本国内にも民営水道は数として約660の事業があります。この国内民営水道の現状を紹介します。

民営水道は、水道統計において上水道事業の分類では「私営水道」とされ、簡易水道の分類では「非公営」とされています。国内の現状を考えると民営水道とするより、このように私営もしくは非公営とする方が実態を表していると思います。

現在では、上水道事業（計画給水人口5000人超）で9事業（栃木県1、長野県6、静岡県2）で、別荘地などの観光開発事業の一部として水道事業を実施しているものばかりです。実給水人口最大のものは伊豆半島にある㈱ICPというところで2600人程度の事業です（平成30年度時点）。簡易水道事業で650事業（平成30年度時点で、最多の都道府県は茨城県で113事業）があります。

簡易水道事業における民営水道の場合、民間企業というより町内会や集落で設置、運営を行っていることが多く、地方公共団体営ではなく住民直営の方がイメージに近いかと思います。結果的に、日本の現状としての民営水道は、株式会社といった企業イメージでは**ない**ものが大半です。

しかし、水道事業創生期、戦前は企業が行う水道事業が相当数ありました。とはいえ、これもいわゆる企業城下町での、その企業の水道事業であったり、土地開発会社や鉄道会社が行うといったものが多く、社宅用専用水道の拡大版といったものを想像する方が実態に近いように思います。

6　水道序論　水道の機能と水道事業体制のまとめ

水道の基本は、1ℓで1kgにもなる重たいもの、これを1人で1日200kg（＝ℓ）も300kgも使いたい、管路輸送以外ではこの要求を満たせない、そんなところにあるように思います。このようなところを出発点にして、水道という導管中心の施設群がどのような条件・環境の中で機能を発揮しているかをご紹介しました。

そして、そのような水道のあり様の基本論とともに、実際にどのような状況になっているのか、水道の略史、都道府県ごとの水道事業の体制などを見ていただきました。

水道事業は名実ともに市町村経営を原則としています。一方で東京都が代表例ですが、都道府県営の末端供給事業も4都県（東京都、神奈川県、千葉県、長野県）で実施されています。人口増加と都市化の影響で水資源開発が各所でなされ、用水供給事業が約100事業ある一方で、用水供給事業が存在しない都道府県も東京都、香川県以外に8都県あります。「日本の水道」みたいな言い方もありますが、事業体制を見ると標準形があるような、ないような……非常に多様な体制が存在しています。

よもやま話 4

近代水道創生十事業

「近代水道の最初は横浜」。水道関係者ならどこかで聞く話でしょう。横浜に始まる最初の十事業（通水順）をご紹介します。

①横浜（明治20〈1887〉年）
明治の開港五港（函館、新潟、神奈川、兵庫、長崎）の一つで、英国人パーマーの設計により、英国での95ℓ／人・日を若干少なく見積もった82ℓ／人・日で計画された5700㎥／日の水道でした。相模川上流から44㎞導水し、現在は配水池に変更された野毛山浄水場（横浜市野毛山動物園に隣接）から給水しています。

②函館（明治22〈1901〉年）
初の日本人設計、平井晴二郎の実施計画・工事監督による水道です。68ℓ／人・日で、4090㎥／日の日本最古となる配水池を組み込んだ水道です。なお、この配水池は函館山ロープウェイ山麓駅そばに現存しています。

③長崎（明治24〈1903〉年）
83・5ℓ／人・日、5010㎥／日の水道で、わが国の地方公共団体としてはじめて公借金の公募を行った水道です。

④大阪（明治28〈1895〉年）
港湾都市に近代水道が先行する中、日本初の大都市型水道であり、水道条例制定後、初の認可事業となるのが大阪です。84ℓ／人・日、5万1240㎥／日の規模を誇り、大阪

城内の配水池に揚水して給水しています。

⑤東京（明治31〈１８９８〉年）

江戸時代の玉川上水を導水路としてそのまま活用しました。現在の新宿西口高層ビル群となる前、ここに（当然）緩速ろ過の淀橋浄水場を整備し給水しました。１１１・３ℓ／人・日、16・７万㎥／日の水道です。

⑥広島（明治31〈１８９８〉年）

軍用水道として計画されたものを、市内給水も含めた水道へと変更しています。市内向けであり、１０６ℓ／人・日、1万２７４２㎥／日の水道です。

⑦神戸（明治33〈１９０２〉年）

日本最初のコンクリートダムとなる布引ダムなどを水源に作られた１００ℓ／人・日、2万５０００㎥／日の水道です。

⑧岡山（明治38〈１９０５〉年）

神戸、広島の水道布設に刺激され日露戦争中に完成した、97ℓ／人・日、７８００㎥／日の水道です。

⑨下関（明治39〈１９０６〉年）

明治24年から検討を始め、日清戦争の影響などから明治34年に完成をみた、83・５ℓ／人・日、５０１０㎥／日の水道です。

⑩佐世保（明治40〈１９０７〉年）

明治22年に軍港水道として創設され、その拡張計画とともに作られた市内水道です。84ℓ／人・日、５５６０㎥／日の水道です。

第2講 水道計画

1 水道計画とは～水源と需要地をつなぐ水道計画～

水道計画といっても、経営計画なのか施設計画なのか……うるさいことを考えるといろいろあるかと思います。ここでは、水道計画の基本の基本をまとめておきたいと思います。

水道事業の費用構成を見ると、その約半分が施設建設費（いわゆる設備投資）に回っています。施設の運転管理のための人件費や外注等の運転管理費も、言ってみれば、施設依存の経費であり、水道事業の費用のうち約4分の3は、施設のためにかかっている費用といっても大きな誤解はないかと思います。

誤解を恐れず言い切ってしまえば、水道事業はなんだかんだ言って水道施設の整備・維持と運転管理で決まってしまいます。ということは、その水道施設の更新・再構築といったものを含めた施設の整備計画が水道事業の大半を決めてしまうわけで、これらについて最低限の基本的な考え方を理解しておくことは、水道事業の経営の大半を理解することになります。

つまりは、ここでの水道計画って何？経営？施設整備？水道事業の事業経営、経営戦略などと言ってみたところで、水道事業の構造を大局的に見れば、結局同じ。水道施設の整備計画が、お金の問題の大半を決めてしまっているということです。

そういう意味では、施設計画と別に財政計画／資金計画があるという構図になってはいけないコスト構造です。ここでは水道施設計画に焦点を当て、それ自体が間接的に事業経営計画であるという位置づけで話を進めたいと思います。

水道計画は非常に大きなテーマですし、基本構想から細部まで知っておかなければならないことは山ほどあり、本来は私程度が語るべきものではないかもしれません。

といっても手頃な入門書がないのも事実。そこは楽学風にいい意味で大胆に楽しく進めたいと思います〈細部をきちんと追うという話になれば、『水道施設設計指針』〈日本水道協会〉をきちんと読むのが最低限……といったような話になって、とても中級者の負荷とは思えません〉。

水道計画を単純に言ってしまえば、「水源と需要地を結んで水量・水質・水圧をほどほどの費用で充足させること」です。なんだかどこかで聞いたようなキーワードが並んでますよね。これって『すいどうの楽学　初級編』でお話しした水道の要件、水道法の法目的を言い直しただけです。

水道計画ですから、当然、水道の持つべき要件や目的を具現化する具体計画であるわけで、こんなところに何か目新しいものがあること自体おかしい話。水道計画に何か面白いことがあるとしたら、それは、地域性を加えて深掘りしたときの面白さ、実現手段の中にある発見じゃないかと思います。

さて、条件・要件をさらに削り落としてしまえば、「水源と需要地・需要者をつなぐ」のが水道であり、水道計画です。そのつなぐ手段が施設（導管）であるが故の水道。まさに「水の道」でつなぐ〝語源〟そのものだという話です。

その「つなぐ」行為がなんでそんなに問題なのか？一大テーマなのか？それは、水源はそんなに都合のいいところにはない、需要はみずものであり住む人たちの要請である、どちらも水道事業者側がどうにもできない与条件だからです。

2　水道計画の二大要素「容量」と「配置」

水道計画に限らず計画というのは、条件が多く、確定的・固定的であればあるほど自由度はなく、「不可」も含めて良ければ答えを出すのは簡単です。しかし、水道の場合、応えるべき需要からして流動的です。寿命が長い土木技術を基盤とする水道施設は、そもそも「計画」との相性が良くありません。いわんや人口減少が加速する日本の状況ではなおさらです。人口減少などの事業環境の変化を織り込んだ話はさすがに中級者の域を超えますので、ここでは体系化されている水道計画の基本部分をお話ししたいと思います。

施設容量設計の基本

水道の施設容量＝需要量×1.25
需要量＝1人1日平均給水量／負荷率　×　人口

負荷率は、変動率の逆数で、普通、水道計画では変動率とせず、この負荷率を用います。
（変動率〈平均給水量の何倍が最大給水量となるか〉の方が理解はしやすいかと思います。）

ここまできて、ようやく本題ですが、この本題の位置づけや限界を知っていただくこと、それ自体も中級編の一つの目的です。無駄だと思わず、ここまでの話をよく踏まえた上でこの先を読み進めていただければありがたいと思います。

水道計画は大きく二つの視点に分けて考えることになります。もちろん、この二つは相互に関係、影響し合うので完全に独立の事象ではありませんが、二つの視点で整理すると、計画策定作業が見えやすくなります。その二つの視点とは、「配置」と「容量」です。

「容量」を決めていく基本は『すいどうの楽学　初級編』でも扱った「原単位」という考え方です。1人1日平均使用量という原単位を定め、変動を加味した上で1日最大給水量を求めて、人口を決定することで、具体的な水の需要量を推計する方法です。これにより、水道施設の容量を概略的に押さえた上で、個々のプロセス、構成要素となる個別施設の容量を決めていくことができます。

「配置」は、その言葉の意味の通り、各個別施設をどのように配置すれば機能を発揮し、全体システムとして効率的に水道施設の効用が発揮されるか、地図を見ながら考える作業になります。

ここでは話の都合上、後者の「配置」から始めます。

水道施設の最上流部は取水、その前は水源です。さて、水源といっても、いろいろな種類がありますが、それは環境が決めることで、こちらが勝手に設定できるわけではありません。以前、事業経営の学識者と称する人が、「井戸さえ掘れば水は出ること」を前提に話をしていて唖然としました。地下水も含めて、水源はあるようでない。都合のいいところに持てるわけではない、との認識が理解への第一歩です。水循環の話で、島国日本の水は結局、雨。降水量を考えると最低100坪や200坪ぐらいの後背地を持たなければ賄えない、という話をしました。こういった基本認識が水道計画を理解する上での大きな基盤となります。多少の選択性はあるにしても、水源は地理・地勢から決められてしまうものです（そうでないなら、水道計画なんてどうにでもなる恵まれた事業環境のはずで、こんな勉強をすること自体が無駄でしょう（笑））。

完全普及の水道の実状を考えれば、住んでいる限り給水せざるを得ず、需要先もまた勝手に決められてしまうものであり、起点と終点が縛られた中で、それをつなぐルートをいかに構成するかが水道計画である。これさえ分かってしまえば、水道計画の基本の基本は終わっています。

あとは、それが具体的にどのように水道施設を縛っているのか、また縛られているが故に何を検討しているのか。その自由度を理解してしまえば、最低限の水道計画の基本は理解できてしまいます（その程度の理解で十分、水道計画の議論に参加できると思いますし、少なくとも「何をやっているのか、よう分からん」から脱せると思います）。

終点である需要が勝手に決められてしまうというのは、なんとなく理解してもらえるのではないかと思います。もちろん、節水等の多少の需要管理の手法がないわけではありませんが、「水道の供給可能量を超えますので、お引越しは禁止します」とならないところがつらいところ。これについてはこのくらいにしておきたいと思います。

水はどこにでもある、それはそれで一方の真実でもあります。「通常の浄水処理で」となったとたんに選択肢は極端に狭まります。水源を選べないというのは、水道側の事情があっての話です。また技術的な限界というのも、海水淡水化さえ実運用されていることを考えれば、純技術的な可・不可というより、過度なエネルギー依存、結果としての経済的な限界であることが分かります。

起点・終点の制約度というのもこのくらいの話で、全く自由度がないとは言いません。ただ、現実的にはかなり〝縛られてしまっている〟わけで、逆にそれ以外は〝水道側でどうにかしろ〟というものであると整理してしまっていいでしょう。

3　施設配置の決まり方

さて、それでは、この起点である水源、終点である需要地・需用者が具体的に水道施設をどのように制約しているか整理し、水道計画をまとめたいと思います。

水源が決められてしまえば、その水量によって上流部の施設容量が決まり、表流水にしても地下水にしても、基本的に秒単位の水量が決まることになります。表流水であれば水利権の形で、地下水であってもそのポンプ容量で水量が決定します。

地下水は井戸から取水するため、都合のいいときに自由に取水できそうに思いますが、それであれば最大水量に合わせた規模の井戸やポンプを持つことになり、需要変動の大きい水道の場合、過大な施設整備に直結します。それなりの効率性を持った取水施設を計画することを考えれば、水源は秒単位で縛られていると考えた方がいいでしょう。

同様に、水源が決まれば水質と取水地点の標高（地盤高）が決まります。浄水処理の方式も半ば決まってしまい、地盤高によって、導水のためのポンプの要否・規模が決まります（浄水処理については、この後、それだけをテーマに取り上げます）。

浄水場の立地は、基本的に水源と需要地の間のどこか。無駄に迂回する必要もありませんので、可能な限り最短距離・直線で導送水ルートを決定、そのルート上で場所が確保できるところを選びます。導水をどうするか、送水をどうするかというより、導送水のルートを決め、浄水場より上流側が導水、下流側が送水になる、といった方が理解しやすいでしょう。

浄水場の位置については、実際はそんな簡単でないのも事実。それは、小さい施設をたくさんより、大きい施設を少なくの方が、経済的にもメリットが大きいことが影響します。ポンプアップは、やらざるを得ないのであれば、なるべくまとめて一回で。となれば当然、配水より送水、送水より導水側で行いたい。そうなると浄水場をどこか高台に設置したいというのが基本発想です。

結果、「導送水は直線、浄水場はその間どこでも」という話が大きく揺らぐことになります。それでもこの基本原則がなくなるわけではありません。これと水圧の有効活用（＝標高の有効活用）との間で、導水～浄水～送水の配置が決まるということです。

残るは、需要地点対応の施設群です。一般的・教科書的には需要地をブロックごとに分け、そのブロックごとに配水池を設置、そこから配水管網を整備して個々の家庭へ給水します。最後が「配水管」ではなく「配水管網」なのがポイントです。当然、道路下になりますが、格子状の配水管網を配置して、そこから給水管を介して各家庭に水を引き込みます。

原理的には、配水管網に水圧をかけて、必要があれば（蛇口を開いて）そこに水道水が流れこむようにするというもの。配水管の右から水がくるのか、左から水がくるのかは、そのときの水の利用状況次第ということになります。

別の見方をすると、配水管網のどこかが切れて断絶しても、逆側から供給されるように保

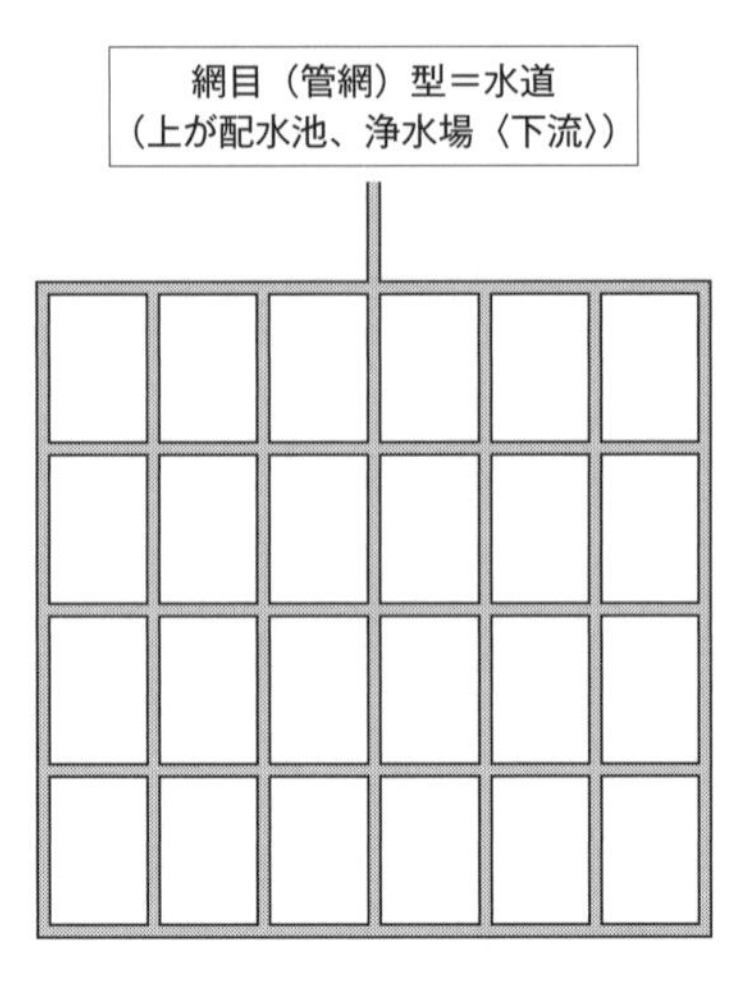

図９　格子状の配水管網の図

険をかけているということになります。

人が住んでいるところには、配水管網を用意することになりますから、区域が拡大しなければ人が増えようが減ろうがやるべきことは同じ。後は給水の申込みがあって使ってもらうのを待つ……というのが水道事業の姿です。

ここまでが施設の「配置」の話。ここからは施設の「容量」の話です。水道計画の話をしていると、たぶん、日最大とか日平均とか、時間最大とかという言葉が飛び交うはずです。このような言葉を使う局面というのは、施設の配置でなく、配置されるべき施設の容量、大きさの話をしているときです。

そのような基本を押さえた上で、どういう局面で日平均、日最大、時間最大といった言葉を使うかを理解すると、水道計画の基本は卒業ということになります。

4 「給水量」の設定

取水と需要・水利用が基本的に毎秒何㎥（＊4）で設定されるという話をしました。これと日平均、日最大、時間最大をつなげる話へ進めていきます。

日平均給水量は、1人1日平均給水量×人口で求まります。この「1人1日平均給水量」がいわゆる原単位。復習になりますが、人間1人がどのくらいの水量を使うかは、炊事、洗濯、風呂……と用途を一つひとつ挙げ、それごとに水量を設定することで求まります。

日平均給水量の変動率を設定することで日最大給水量（1年間で最大の給水量）が決まり、これを基準に個々の水道施設の容量を決定していきます（水道計画の場合、変動率でなく、負荷率として変動率の逆数で設定するのが普通です。日最大給水量＝日平均給水量／負荷率となりますが、考え方としては変動率で考える方が分かりやすいかと思います。この変動率は小規模施設ほど大きく、大規模施設ほど小さい傾向があるのは、常識とも合致するでしょう。小さい施設ほど、一人ひとりの水利用に左右され大きく変動しますが、大規模施設になればなるほど、平均化され変動が小さくなるという話です。50万人以上の人口ともなると、平均と最大は2割増程度に収まりますが、5000人以下となるような簡易水道では5割増でも収まらないこともあります）。

直接的に1人1日最大給水量から日最大給水量を求めるということも、論理的には十分可

（＊4）業界用語で○○ｔ／秒（「トンビョウ」もしくは「毎秒○○ｔ」と言うことも）となります。1㎥の水の従量が1ｔであることと、言葉が短いために定着しているように思います。

能ですが、1年間で人間1人が最も水を使うパターンを推計するより、普段の水利用を推計する方が推計手段としては分かりやすいですし、調査・検証の手段としても容易です（丸1年の調査自体が大変な上に、確度を考えるとなかなか大変な手法と言えます）。

二度手間のようですが、平均値とぶれ幅というように、変動する量を二つの要素に分ける方が、数学的にも確度の高い手法ということもあり、こちらが選ばれ定式化しています。

5　施設容量の決まり方

前講で、日最大給水量の決め方の話をしました。これが求まったところから、具体の施設容量の決定方法に話を進めます。

水利用、施設計画から見ると、末端の需要の要求が〝常時掛け流し〟みたいなものでなく、1日の中でも大きく変動することを考えると、残念ながら日最大給水量では、個別施設の設計諸元とはなりません。ここから時間最大給水量が必要となるところに進みます。これが水道計画の最終事項です。

どのような時間の最大給水量に着目して施設容量を決定するかは、需要の変動をどこで吸収するかによって決まります。大量の水量を扱う上流部の施設、例えば取水施設や導水施設などは、その施設規模そのものが巨大になることから、なるべく変動させず一定運転を前提とした施設容量にすべきでしょう。ただでさえ大きいものをさらに変動運転させれば、過大な施設容量が必要となり効率性から見て問題です。

需要に近いところ（給水、配水施設）は、需要側の都合で大きな変動にさらされることになりますが、それを受容して設計せざるを得ません。また、配水管や給水管などには、製品規格の関係でそんなに選択の余地があるわけではありません。家庭に引き込む給水管の最小口径は13㎜、新規に作られるものは20㎜もしくは25㎜が一般的です。これぐらいの口径を選べば、一般家庭であれば痛痒（つうよう）なく水が出るというのは経験則。結果として、秒や分といった短い時間の最大給水量を設定する意味はなくなります。接続される配水管（配水支管と呼ばれるもの）の最小口径は50㎜ぐらいが一般的で、給水管の口径は、どのくらいの密度で接続されるかによりますが、時間最大を基本に口径を決定することが多いです。

問題は時間最大をいかに求めるかですが、これも経験則。それらをまとめて「時間係数」と呼び、それを使うか、場所や施設ごとの経験則を使うかということになります（大規模施設だと日最大の24分の2程度に収まりますが、小規模施設では24分の4以上のこともあります）。

さて、上流側の施設は基本的に日最大で設計され、需要点に近い下流部は基本的に時間最大で設計されますが、時間による変動を吸収し、さらに施設による容量の違いを吸収し平均化する施設が、どこかに必要になります。それが教科書的には配水池ということになるので

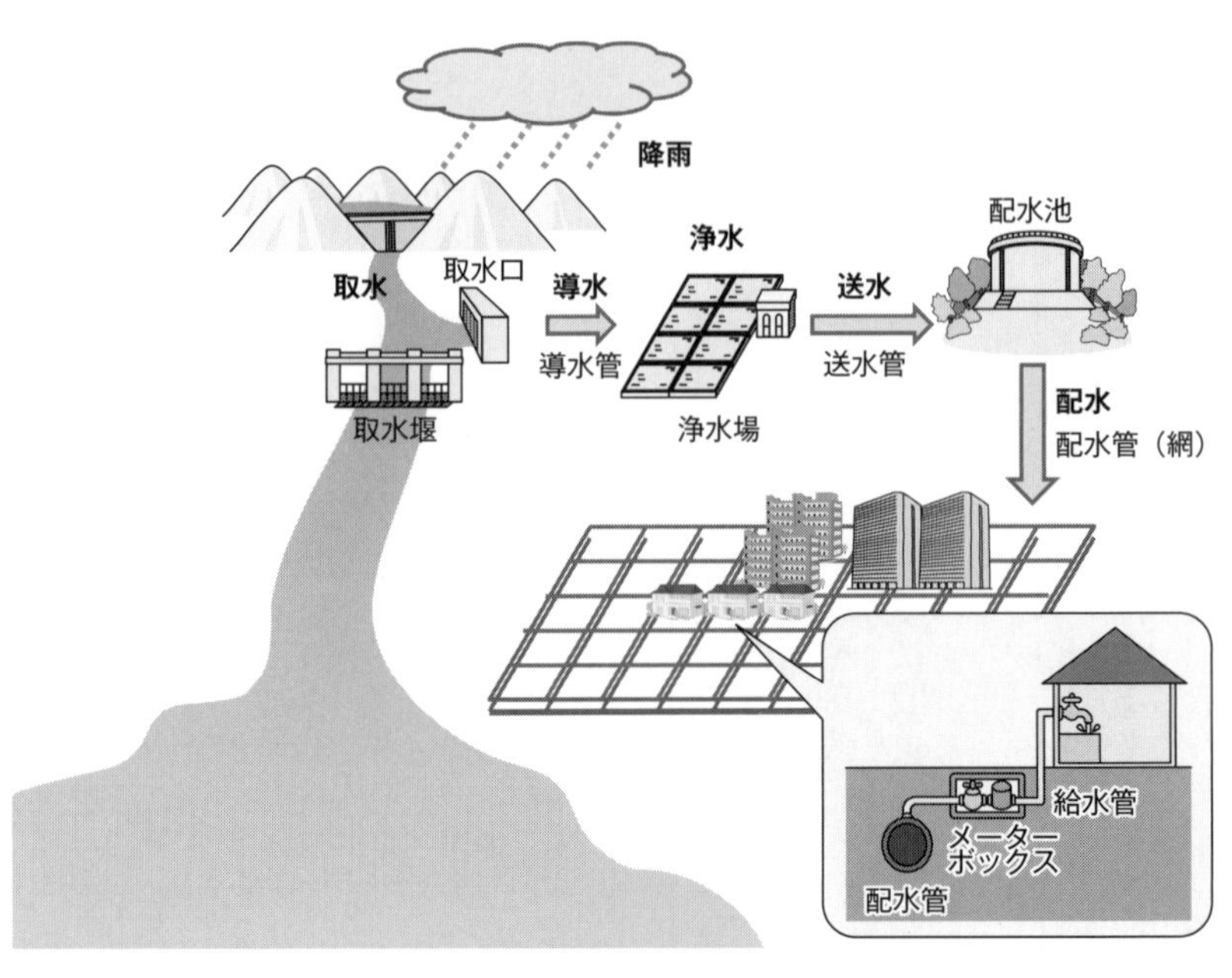

図10　水道の構成図

す。一般的に配水池の容量を12時間分とし、配水管網で起こる1時間単位の変動を吸収するような設計とします。

最低限の理由、設計思想を説明したつもりですが、事項が多くてすっきりしない感じが残るかもしれません。この話、決して難しいわけではありません。

取水・導水・浄水・送水・配水・給水と大きく分けても6種類、さらに配水は配水池と配水管網に分けたことで、都合7種類の個別施設のことが書かれています。これらをまとめて記述したことで、数が多くて大変というだけのことです。7種類の個別施設の内容を一つひとつ追う根気だけを持ってもらえれば、意外と簡単に理解できると思います。

6　水道計画のまとめ

水道計画は、都市活動と人の生活を水供給の面から支えるためのものです。具体的には地域の環境に依存する水源と、街・都市の需要をつなぎ合わせ、この二つを両立させることにあります。しかし、そもそも水道自体が、近隣水源で水をまかなえない状況から生まれたのですから、両立させるのは簡単ではありません。少なくとも近隣環境では不可能であるとして、どの程度の地理的範囲であれば量的に両立しうるかという難題から始まるのが水道計画です。上流部の水源が与えられ、さらに下流の需要も与えられるという二つの条件（与条件）から最適な水道施設配置と施設運用を決定します。水源については、水利権のような制度上の制約（1秒当たりの取水量、㎥／sで上限を設定）や、施設効率性（一定量の稼働により施設容量を最小にできる）から考えても、時間的に一定取水を要求される一方で、需要側には大きな時間変動があります。日単位のような全体容量の確保と時間変動への対応を考えながら、全体の計画を考えることになります。

水道計画の具体は、「配置」と「容量」に分けて理解しましょう。

「配置」は、地形の目利きが全て。水圧をいかに使いこなすか、具体的には標高、地盤高をいかに使いこなすかが問われます。

「容量」については、施設効率の点から、人の生活という需要点での都合をどこかで吸収して、平均化することが求められます。そして、その平均化の機能は配水池が担うのが一般的です。具体的な容量を計算するには、需要量の概況をつかむための「原単位」から始まり、日最大給水量から時間最大給水量までを計算・設定して、それらを選択・調整して個々の施設ごとに適用させていくといった手法をとります。最終的な理由づけは経験則。これはこれで納得してもらうしかないように思います。

次に結論だけを掲げます。

取水施設・導水施設・浄水施設：日最大給水量×1・1＋予備容量（＝日最大給水量×0・25）

送水施設：日最大給水量＋予備容量

配水池：日最大給水量×0・5

配水管網：時間最大給水量（＝～4／24×日最大給水量）

ここまで日最大給水量、時間最大給水量など、ある意味、非常に精緻な設定がなされていますが、一番根本となるところがきちんとしたものでなければ、そこから先の設計諸元がいくら精緻でも全く意味をなしません。原単位、人口、変動率といった基本的な設定、特に人口、人口推計については、現時点では最も重要な要素と言えます。

この場は、水道事業の基本を学ぶ中級講座ですので、これ以上深追いはしませんが、精緻な論理立てや設定も、基本事項の設定や計画の前提一つで、意味のない努力となることだけは覚えておいてもらいたいと思います。

◇　◇

「日本は水に恵まれて」みたいな話はよく聞くものです。確かに温暖湿潤気候・モンスーン気候ということもあって、絶対量としての降雨量は世界的に見ても相当なものです。しかし、人口密度が335人／㎡と先進国としては異常に高いこともあり、1人当たりで見れば決して恵まれた状況ではありません。だからこそ高度経済成長期以降、水資源開発が各所で必要とされたわけです。

水道事業を実施しようとする際、最上流部である水源における「限られた場所と量」、最下流部における「需要地・市街部の場所とその必要量」、この二つは水道事業側では変えがたい与条件となります。上と下を水量的にも地理的にも縛られた中で、それをつなぎ合わせて、水供給をストレスなく実施する、その具体的な方法を決めていくのが水道計画です。

水道計画の基本は、需要推計と施設配置の二つです。需要推計は、原単位（1人1日平均水量、1人1日最大水量）と人口により算定します。施設配置を考える上での基本は、限られた水源と需要地をどのような施設配置でつなげるか考えることです。需要推計は、人の生活と水利用がどのような関係にあるかの観察・考察、それに人口構造や社会構造を理解することで決めることになります。施設配置は、地理的な配置、水平距離に加え、標高差などの垂直方向の関係を理解する、ある意味土地と地形の目利きが求められるものです。

事業者名	1日最大給水量	1日平均給水量
埼玉県	1801	1737
大阪広域水道企業団	1553	1411
神奈川県内広域水道企業団	1534	1300
愛知県	1313	1168
阪神水道企業団	829	750
沖縄県	484	422
北千葉広域水道企業団	474	440
兵庫県	325	293
福岡地区水道企業団	256	244
奈良県	252	229

（千㎥／日）

大規模用水供給事業

給水量から見た大規模用水供給事業を挙げると、最大は埼玉県営となり180万㎥／日（平成30年度）となっています。加えて、100万㎥／日を超える用水供給事業が3事業あり、大阪広域水道企業団、神奈川県内広域水道企業団、愛知県営水道となっています。やはり大都市圏、三大都市圏と言われるところに大規模用水供給事業が存在していることが分かります。

都道府県ごとに、県内全体の浄水量に対する用水供給事業の比率で見ると、8割以上を担う沖縄県営水道が最も用水供給事業に依存する状況になっています。

よもやま話 6

水道用水供給事業創生五事業

①阪神水道企業団

日本初の用水供給事業は、唯一の戦前通水の現阪神水道企業団です。兵庫県営とするか、市町村の一部事務組合とするか論争があったようですが、最終的に神戸市を中心に16市町村で構成する阪神上水道市町村組合として始まっています。昭和42年に現名称となり、現在は、神戸市、尼崎市、西宮市、芦屋市に、平成29年より宝塚市を加え5市の用水供給事業となっています。

②大阪広域水道企業団

二番目は、戦前に創設したが中断し、昭和26年に通水となった大阪府営水道です。平成23年に大阪市を除く府下42市町村の一部事務組合となり、現名称となっています。

③岡山県南部水道企業団

三菱重工関連の民営水道と公営の水島水道を統合、昭和25年設立の岡山県南部上水道配水組合が前身です。

④桂沢水道企業団

電源開発を中心とした桂沢ダムに協議・参画した岩見沢市など3市の桂沢上水道組合（昭和30年設立）です。

⑤茨城県県南広域水道用水供給事業

当初、霞ヶ浦水道組合として昭和35年に通水した事業です。

第3講

管路技術

1　管路輸送の基本

水を輸送するための構造物には、開水路と管路の二つがあります。開水路は、水の表面が見える普通の水路を、管路は円管を想像していただければ十分です（26ページ「ミニ知識　管路と開水路」参照）。水の輸送の立場から見ると、開水路は水位差・重力で動く、動かすのに対して、管路は（もちろん結果として水位差でも動きますが）水圧で動くことになります。水道の場合は、取水から浄水までの導水施設として一部開水路も用いることがありますが、浄水以降は全て有圧、すなわち水圧で動かす管路となります。

水を動かすために水圧が必要となるのは、管路の中で摩擦抵抗の結果としてエネルギー損失が起こるからです。このため、管路の入口と出口の高さ（標高）が同じであれば、この摩擦損失分の圧力を加えることで水が届くことになります。当然、逆勾配（出口の方が高い）の場合は、この高さの分、さらに圧力を加えることになりますし、出口の方が摩擦損失分以上に低ければ、自然流下といって勝手に流れてくれることになります。

ただただ家屋の入口まで届くだけでよければ、これでおしまいなのですが、家屋内の配管を通ってそれなりの流速、流量で蛇口（給水栓）から出ることを確保しようとすると、水道管（配水管）において、地表から15ｍ以上吹き上がる水圧（圧力の単位で書くと0・15ＭPa〈メガパスカル〉）が必要になります。漏水事故などで、水道管から吹き上がる噴水のような光景がテレビで放映されることがありますが、これはまさにこの状態です。最低15ｍであって実際は余裕を持って30ｍ程度の圧力で運用されているのが普通です。

2　管径と流量

水道管は断面が円となっている円管が採用されています。一般家庭・家屋に引き込む給水管の最小は古いものだと13㎜、新規契約では20～25㎜が用いられているのが一般的です。ここで言う「何ミリ」というのも含めて水道管の口径は内径であり、水が入っている部分の直径で表記されます。導水管や送水管の大きいもので2000㎜（2ｍ）ぐらいが上限。1ｍを超えれば水道管としては、相当大きく、大口径と呼ばれる部類です。管径により、管の素材も経済性、施工性などを考慮して選択されます。大きいものから鋼管、鋳鉄管、小さくなると樹脂管と言われるポリエチレン管や塩化ビニル管が用いられます（69ページ「ミニ知識　管の種類・材質」参照）。

表１　管径と輸送力の概算

１００mm	７００㎥／日
３００mm	６０００㎥／日
５００mm	１７０００㎥／日
１０００mm	７００００㎥／日

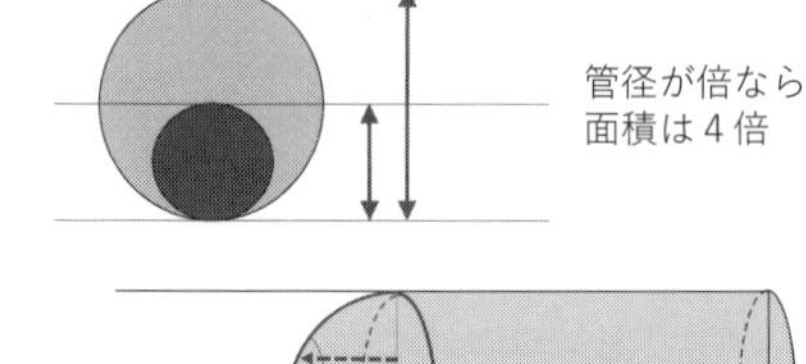

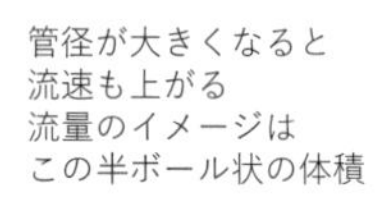

図11　管径と輸送力

この口径、考えてみると当たり前のことではありますが、管径が倍なら断面積は4倍。面積が大きくなると結果として単位量当たりの抵抗（圧力損失）が小さくなりますのでこの面積比以上の水量を送る能力を持つことになります。家の中に入ってくる管が２㎝（20か25㎜が標準的）内外、これが接続されている水道管（配水管）が細い管だと５～10㎝（50～１００㎜）程度で済むのはこのおかげです。大都市の送水管などですと１０００㎜（１ｍ）を超えるような大口径の水道管もありますが、住宅地などの道路下にある配水管であれば前述の通り10㎝内外といったところです。

水道管の中を流れる水の速度（流速）は、平均的に１ｍ／s程度です。これを前提に、どの程度の管径でどの程度の水量が届けられるか考えてみましょう。内径は管の直径ですので、それに気をつければ簡単に管の断面積が出ます。これに速度を掛ければ、流量は簡単に求まります。径の「㎜」や速度の「m／s」など単位の換算だけちょっと注意しましょう。

計算してみると、管径100㎜で約700㎥／日、管径300㎜で6000㎥／日……などなど。計画上は世帯1日1㎥を送れるぐらいで考えるので、100㎜の配管網で500から1000世帯ぐらいを支える計算となります。流速や世帯人員、戸建てか集合住宅か……状況によってこんな単純な話には当然なりませんが、中級者レベルの理解としてはこの程度の感覚があれば十分かと思います。

水利用の時間変動と流速

水道管内の流速は平均すると1m／sぐらいが普通です（何が普通かは難しいところですが）。とはいうものの、使わなければ水は動きません。動く動かないは、末端など口径が小さくなるほど顕著ですが、決して定常的にこの流速があるわけでなく、日単位ぐらいで平均すると、という意味です。管径の大きい上流側に行けば、どこかでは水を使っており、それなりの流速になるのが想像できると思います。

人の生活が多様化し、24時間動く都市では、昔ほど顕著でなくなっていますが、水利用の日変動を見ると、朝夕が多いのは変わらぬ傾向です。夕方のピークが分散化して昔ほど集中しなくなっているのも生活様式を考えると想像できることと思います。

3　水道管網と管路システム

水道管には、上流から導水管、送水管、配水管と三つの区分があります。大規模事業者などでは、配水管を大小二つに分け、配水本管・配水支管とするのも一般的です。当然のことながら上流ほど太く、分岐していく下流ほど細くなります。

導水管から送水管は基本的に上流から下流にむけた一方通行ですし、耐震対策や事故対策で複線化したり、バイパス路線を持っていなければ物理的に一本の路線となっているところも少なくないでしょう。これに対して、配水管は、事故や補修・更新、洗浄（排泥）などの必要性から基本的に管網構造をとり、右左（上流下流）なく、どちらからも水が届くように設計されています（例外は多々有りです）。ここでは、水道管の設計で、導水・送水は、上流から下流へ広がる一本路もしくは樹状管、配水管は管網ということだけ知っていただければいいかと思います。

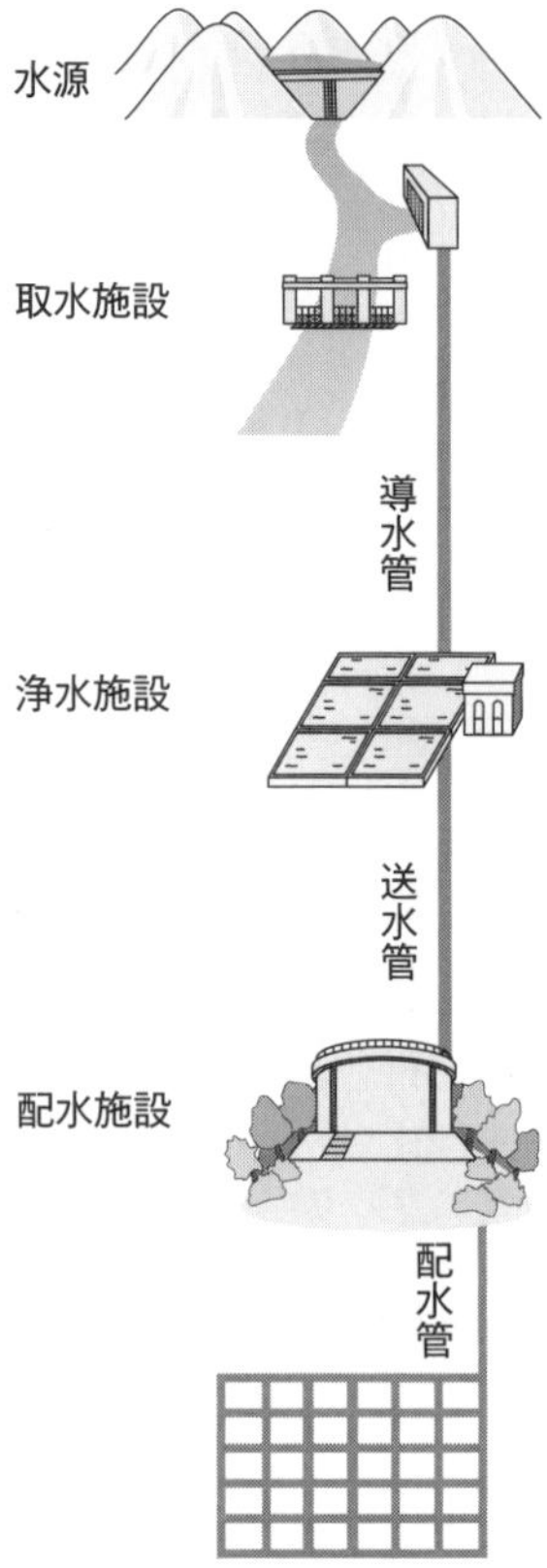

水源
取水施設
導水管
浄水施設
送水管
配水施設
配水管

図12　水道施設の構成

配水管網について言えば、管路に水を流すというより、管網全体に水圧を掛けて、時間と場所を問わず水量が出る状況を常時作っているという感じに近いものです。実際、配水管網では水圧・水頭換算（本ページ「ミニ知識　水圧・水頭」参照）で最低15m、実運用では20～30mとしていますから、管網で見えませんが、20～30mほどの水圧のプールの下（中）に都市が沈んでいることになります。

水圧・水頭

水圧は水の圧力ですので、一般的にPa（パスカル）、普通の単位系で書けば、単位面積当たりの力、kg・m／S²／㎡（N〈ニュートン〉／㎡）となります。小学生でも習う、kg、m（メートル）、s（秒）で書いた方がかえって複雑で分かりにくいのが問題です。

工学的には、これを実際に想像しやすい「水頭」という概念で表現します。なんと単位は単純に〝m〟だけ。分かりやすい……。これは、仮にそこに穴を空けて水を吹き上がらせたとしたらどこまで吹き上がるか、その高さ（m）で水圧を表現するものです。水道の場合、一戸建て家屋で痛痒なく水が使えるめどとして15m以上とするようにしています。（木造3階建てで10mぐらい。3階でもちゃんと水を出そうとすると、この程度は必要ということになります。実際の運用は20～30mというところでしょう。この水圧15mをパスカルで表現すると、0・15MPa（メガパスカル）に当たります（1mで1000kg、「重力加速度9・8≒10、15mで15万パスカル＝0・15MPaの計算」）。

ここまでは、管やそのつなげ方についてお話しました。もう一つ、管路システムを考える際に重要なのは貯留機能、具体施設としては配水池です。

管路だけで水道を構築したとしましょう。需要は時間単位、場合によっては分単位で変動します。完全な押し出し流れ、ところてん状態を考えれば、取水や浄水処理をこれに合わせて分単位・時間単位で変動させせなければならなくなります（電力はこれに近い運用方法で、基本的に〝ため〟、蓄電能力を持たないシステムで、いつもそのときの需要に見合う発電量を確保する必要があります）。とてもこのような運転はできないこともあり、管路システムの間に貯留機能を持たせ、取水・浄水を極端に変化させずに運用しています。この貯留機能は、浄水場直下にある浄水池と、（標準的には）送水と配水の間に設ける配水池になります。これらの貯水機能は、極論、取水と浄水の平準化のためにあるものです。事業によっては、浄水場を24時間一定運転していますが、これは、浄水池と配水池で、日変動（1日、24時間内の需要変動）を吸収できるだけの貯留能力を持っていることの証でもあります。『水道施設設計指針』（日本水道協会）では、配水池容量は12時間が望ましいとしていますが、安定的な水運用を考えればもっと容量があってもいいぐらいです。なんにしても、管路システムは、管路としての線の構造と配水池等の貯留機能との組み合わせで理解すべきものになっています。

ミニ知識

管の種類・材質

管材などで出てくる略称は、慣れないと全く想像すらできない言葉ではないでしょうか。一応、略称は用語集で分かってもらうことにして、ここでは、水道管としてどのようなものがあるかをご紹介します。

近代水道が始まって最初に使われたのは、有圧送水に耐えられる鉄管、今でいう鋳鉄管。この後紹介するダクタイル鋳鉄管との区別のため、普通鋳鉄管とかネズミ鋳鉄管と言うこともあります（断面が灰色だったことからネズミ鋳鉄管の名称があります）。鋳鉄管は鋳物の一種で、溶かした鉄を鋳型に流し込み整形するものです。この初期の普通鋳鉄管は、その内部に炭素分を含むのですが、この炭素分が細く薄く層をなすよう薄い葉のような辺状に入り込んでおり、衝撃などに弱く破断などを起こす欠点がありました。この炭素分を球状にして解消したのがダクタイル鋳鉄管（ダク管）です。現在、鉄管はこのダクタイル鋳鉄管となっています。

同じ鉄管でも炭素含有量が比較的低い（2％以下。ダクタイル鋳鉄管は2～7％）ものを鋼管と言います。比較的軽量なことから大口径の管でよく用いられます。一般的に炭素量が多いと硬く強くなりますが、靱性が減少して衝撃に弱く、もろくなる特性があります。口径とそれに伴う厚みなどから管種を選択することになります。

また、小口径を中心に樹脂管やステンレス管が用いられます。樹脂管としては、ポリエチレン管（ポリ管）や塩化ビニル管（塩ビ管）が用いられます。家屋内の給水管などもこれらが用いられることが一般的です。

また、耐震管という言葉がありますが、これは素材を指す言葉ではなく、地震に耐えうる水道管の総称で、継ぎ手が伸縮するような工夫がされたダクタイル鋳鉄管や管全体で対応する鋼管に加え、融着継ぎ手といって、はめ込みでなく熱で溶かし接着するポリエチレン管も出てきています。

ミニ知識

漏水・漏水量

水道事業において漏水は、大きな問題となりますが、これは有圧給水のために起こる必要悪です。有圧で給水し多少の漏水を許すことで外部からの混入・汚染汚濁を防ぎ、水質確保を図っています。もちろん過度な漏水は抑制すべきですが、全くなくすことも技術的に困難です。

水道で扱う水量にはいくつかの言葉があります。漏水量は、事業管理において、その場所や計測のあり方から扱いが難しく一般的な言葉ではありません。これに類似の水量を挙げておきます。

「有収水量」は、水道料金を徴収した水量です。基本的にメーターにより計測された使用水量の総計です。

「無収水量」は、水道料金を徴収できない水量で水道水として、または事業管理として使われた水量です。例えば、水道管の洗浄用、公衆トイレや公園の水飲み場用、消火作業用の水量などです。塩素低下が懸念される排水管網の末端で、水質管理のために捨てる水などもこれで、最末端の公園などで行うような場合もこれにあたります。

これら「有収水量」と「無収水量」を合わせて「有効水量」（有効に使われている水量の意味）と言います。

「無効水量」というのが「漏水量」に近いもので、基本的に配水と水道メーターまでの給水管での漏水量を指すものです。水道メーターから家側の漏水は含みません。

「有効水量」と「無効水量」を合わせると、基本的に水道事業者が給水区域に給水した「給水量」となります（送水管での漏水量は、基本的に浄水量と給水量の差などで知ることになります）。

いずれにしても実測値に加え、実測を元にした推計で出されたものとなります。

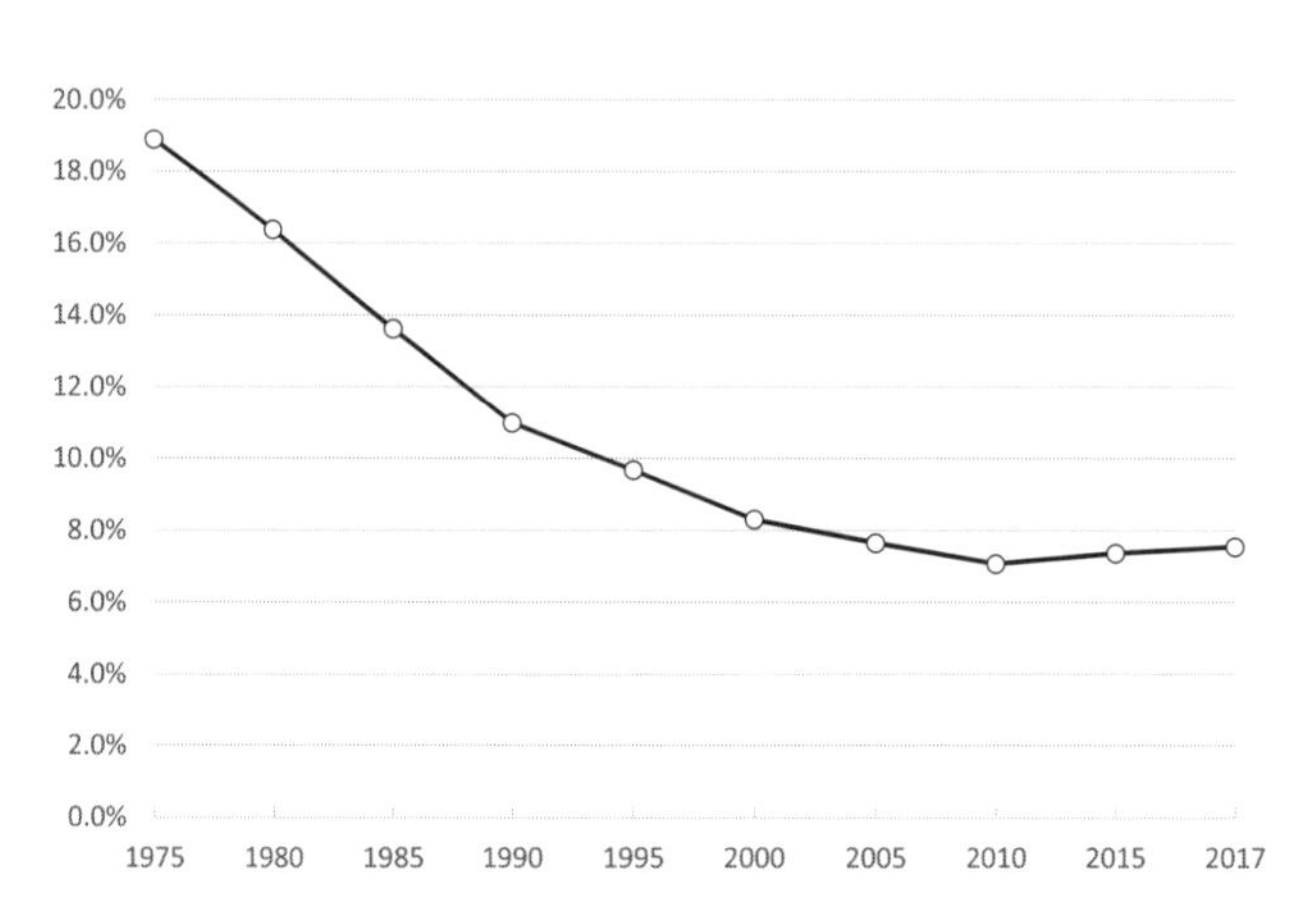

図13　上水道事業の無効水量率推移

漏水率（無効水量率）の推移

１９７０年代には漏水率が20％ほどもあった日本の水道ですが、その後、保守点検、補修、管路更新などの成果もあって、２０００年以降は８％内外まで改善してきています。

しかし、近年、漏水率（無効水量率）は改善しておらず、全国的には若干増加傾向にあります。漏水率が高い傾向にある簡易水道などの小規模水道を水道事業が統合した影響もあるでしょうが、それだけでは全て説明しにくい状況です。水道施設の老朽化など施設レベルの低下でなければいいのですが……。

4　管路技術のまとめ

水道の定義にある通り、水道の基本は導管、管路です。水道の施設構成の区分、取水から給水までの区分を見ても、水道と管路との関係が色濃く見えることでしょう。管路施設の区分も導水管、送水管、配水管、給水管といった4区分で見ることになります。導水・送水については、基本的に一方通行の樹枝状管となりますが、配水管は管網構造を持ち、流れの方向が一定方向とならない構造を基本としています。

また、管路だけでは貯留機能がほとんどなく、需要変動に対応しきれないため、配水池を間に設置し変動を吸収、安定的な配水・給水となるようにしています。

管路の構造と配水池の組み合わせにより管路システムが構成されています。ここから先、どこに、どのように、どのような容量で配置するかは、需要推計と地形の目利きといった世界になります。地形、特に高低差をどのように使いこなすが管路技術の巧拙を決めることになり、一般論で説明しにくい分野でもあります。

第4講 浄水処理

1 水道の中核技術としての浄水技術

水道計画の次に、水道の中核技術である浄水技術に進みたいと思います。水道は、工学の中で「衛生工学」とか「環境工学」の一分野として位置づけられていて、土木・社会資本工学から派生した歴史を持ちます。水道の初期形態、江戸時代のような水の輸送だけであれば、土木・社会資本工学の一分野だったのでしょうが、ここに浄水技術が組み込まれた近代水道に至り、独立した一分野となりました。浄水技術は、他の工学分野にない中核技術です。

■システムとプロセス

浄水処理の話に入る前に、「システム」と「プロセス」の話をしたいと思います。システム、プロセスという二つの言葉をどのように理解されているでしょう？プロセスは、単位プロセスとも言い、一つひとつの操作単位です。単位プロセスがいくつか連なることで、ある期待する成果を上げる〝システム〟になります。まずは、総体がシステム、その構成要素をプロセスと理解してもらえれば十分です。

■浄水の三つのシステム

さて浄水処理です。水道で用いられる浄水処理というシステムは、大きく三つ。緩速ろ過システム、急速ろ過システム、膜ろ過システムです。

浄水処理の最初は「緩速ろ過システム」です。19世紀初頭に英国において発明されたもので、砂でゆっくりと水をろ過し、その砂層表面に自然発生する微生物層（生物膜）により浄水処理をするシステムです。４～５ｍ／日のゆっくりとしたろ過速度とすることからこの名があります。処理性能を発揮する中心的なプロセスが、砂層の生物膜であることから、生物処理の一つに分類されます。

緩速ろ過システムで最もシンプルなのは、緩速ろ過池に消毒プロセスを加えたものですが、標準形は、前処理プロセスとして大型の濁質等を沈殿させる普通沈殿池を加えたものです。

現在の水道で最も一般的な処理方式が、20世紀になり米国で発明された「急速ろ過システム」です。凝集剤（硫酸アルミニウム〈硫酸バンド〉やポリ塩化アルミニウム〈ＰＡＣ、パック〉を投入し、沈殿ろ過を行うもので、緩速ろ過の20～30倍のろ過速度、120～150m／日の速いろ過速度とするところからこの名があります。

最もシンプルな急速ろ過システムは、薬品（凝集剤）混和池、フロック形成池（フロキュレータ）、（薬品）沈殿池、急速ろ過池といったプロセスを経て、消毒を行うシステムです。高濁度に対応でき、また、水質変動への対応力もあること、必要敷地面積が小さいことなどの利点があり、緩速ろ過から急速ろ過に徐々に移行してきています。

そして、20世紀末から21世紀の現在に至って実用化された新技術が膜処理システムです。原理的には非常に単純で、細かい膜の孔で濁質をろ過するものです。緩速ろ過、急速ろ過と同様に、ある種のろ過処理であることに変わりはありません。

急速ろ過の代替処理法として一般的なのが、精密ろ過膜（Micro Filtration〈MF〉膜、水処理の世界ではむしろこのエムエフ膜と呼ばれることが多いように思います）です。マイクロの意味する10^{-6}m（0・000001m）程度の孔でろ過することからこの名があります。

また、高度処理という言葉も聞くことが多くなっているかもしれません。これは、水道の浄水技術としては、主に急速ろ過システムの付加処理プロセスの意味で使われることがほとんどで、活性炭処理やオゾン・活性炭処理を指すことが一般的です。

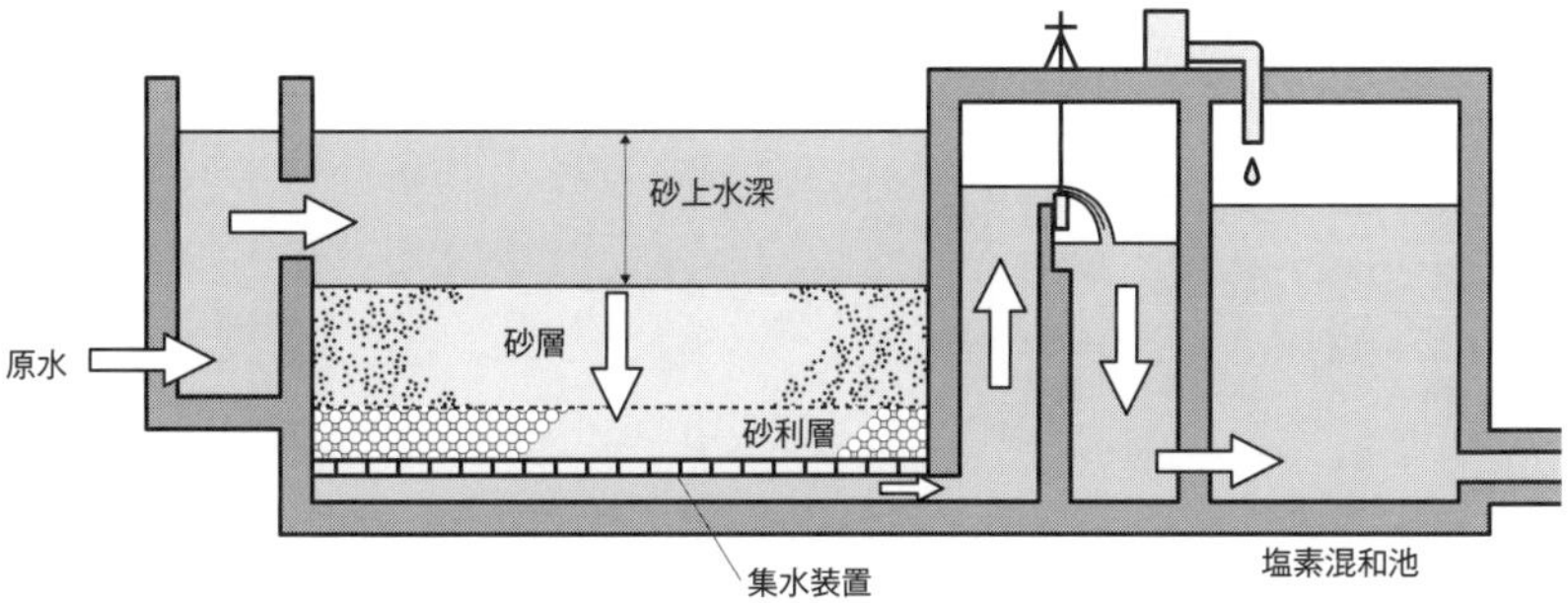

図14　緩速ろ過システム

2　緩速ろ過システム

砂層表面に形成する生物膜が基本処理原理となるのが「緩速ろ過システム」です。微生物の集合である生物膜、その微生物の分解能力（処理）と、砂層と微生物で形成される膜のろ過処理、この二つの処理能力が一つとなった処理システムが緩速ろ過システムになります。

ろ過処理だけでなく、生物処理が加わることで、非常に広範な物質に対応できるという大きな長所がある一方、原水の汚濁に弱いのが欠点です。また、大きな敷地面積を要することも欠点と言わざるを得ません。

原水汚濁に弱いのは、具体的にはろ過池が目詰まりして閉塞し、処理水が得られなかったり、極端な水質汚濁で原水自体の酸素が失われる〝嫌気化〟、いわゆる「水が腐る」状況になることがあるためです。

ここで水質の基礎知識を一つ。水の中に溶けている酸素を〝溶存酸素〟と言います。魚などの水中生物の活動の元です。

この溶存酸素というのは、意外と少なく、常温で10㎎／ℓ程度しか溶けません。緩速ろ過の中心、生物膜を形成する微生物は、この溶存酸素を使った呼吸で濁質を分解しています。ということなので、微生物が動けるのもこの溶存酸素量の範囲内。10㎎／ℓ以上の酸素を必要とするような水質汚濁には対応できないという絶対的な限界があります。

「生物処理」と一言で言っても、その処理原理はいくつかの複合処理です。生物として当然の、〝食べて消化する〟という有機物の分解処理、光合成の生物酸化作用による、特に無機成分（鉄、マンガン、アンモニア等）に対する処理、異臭味への処理などが、この複合処理の良さです。広範な汚濁物質に対応できる優れた処理と言えますが、一方で、処理容量が小さいという弱点を持つ、と理解すれば中級者としては十分かと思います。

緩速ろ過だけでは分かりにくいと思いますが、後述の急速ろ過の処理原理と合わせると、より緩速ろ過システムの特徴が浮かび上がってきます。

ろ過池の閉塞への対応としては、普通沈殿池を前置して、緩速ろ過池への濁質流入をカットし、負荷を低減するというものもあります。むしろこちらが一般的な緩速ろ過システムと言えると思います。

もっと極端なものだと、急速ろ過で用いる前半のプロセス群、薬品混和池、フロック形成池、薬品沈殿池を前置し、その後、緩速ろ過処理を行うようなものもあります。原水悪化に対応した苦肉の策でしょうし、一応、ろ過速度が遅いので緩速ろ過システムの類型ではありますが、ここまでくると緩速ろ過なのか何なのか、なんとも言いがたい感じもしてきます。

3 急速ろ過システム

「急速ろ過システム」は原水の水質悪化に対応して、また、敷地面積の縮小化のための処理方式として発明され、一般化したものです。基本的な発想は、砂ろ過の前段階で、凝集沈殿処理により、ろ過への負荷を削減、ろ過速度の高速化を確保したものになります。「砂ろ過の前に、沈むもの、沈められるものは沈めてしまえば、ろ過に負担がかからず、高速化とろ過の長時間化ができる」とまとめられます。分かりやすいつもりですが、いかがでしょう。以下の細かい説明で理解していただければと思います。

原水の中の除去したいもの、汚濁物質としておきましょう。これが何かです。水の中に入っているものは大きく三つに分けると、（1）懸濁物質と呼ばれる、溶けずに混ざっている濁り、（2）コロイド成分と呼ばれる、溶けてはいないものの安定的に浮遊しているもの、（3）水に溶けている溶解成分、となります。溶けているのか、いないのかの中間のコロイド状態が分かりにくいかもしれません。溶解していることの見た目の定義は、物質によって着色はありますが、透明であることです。コロイド状態は、不透明でありながら沈むことなく安定的に存在する状態で、高校化学や中学の発展学習においてブラウン運動やチンダル現象などで学びます。

急速ろ過システムは、このコロイド状態より大きいものを沈殿（凝集沈殿）させた上で、ろ過を行うシステムです。凝集沈殿とろ過を併せた凝集沈殿ろ過が、この急速ろ過システムの基本処理工程となります。

コロイド成分が安定的に浮遊して水中で存在する理由は、コロイド成分が電気を帯び、お互い反発し合っていることによります（図15①）。この電気的な反発を（電気的に）中和してしまうのが凝集剤です。水中のコロイド成分はマイナスの電荷を帯びることが知られており、プラス電荷のものを投入して固めてしまう、集塊させるのが基本原理です（図15②）。これは凝析反応・塩析反応と化学の世界で言う、その「塩析反応」に当たるもので、浄水処理の世界では〝凝集〟もしくは〝凝集処理〟と言います。プラスの電荷が高いと効率的に集塊するため、3価のプラス電荷を期待できるアルミニウムが凝集剤として広く使われています。アルミニウムが接着剤になってコロイド成分を寄せ合い、大きな塊（この塊を「フロック」と言います）にして、懸濁物質化します。その結果、沈殿処理が可能になるというもの。最後の砂ろ過では、沈みきれなかった小さなフロックを凝集することに使います。

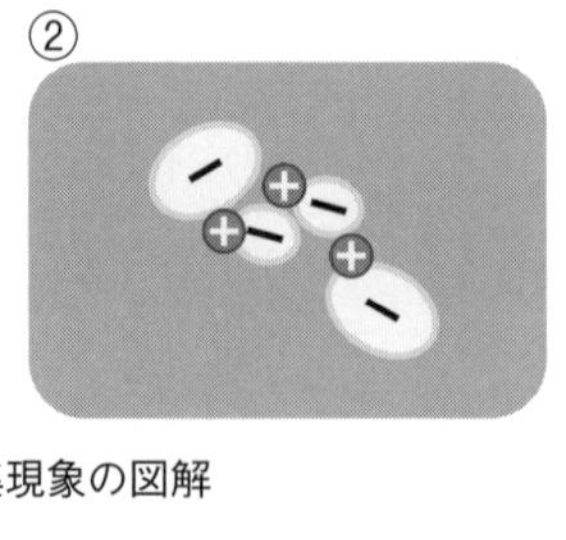

図15　凝集現象の図解

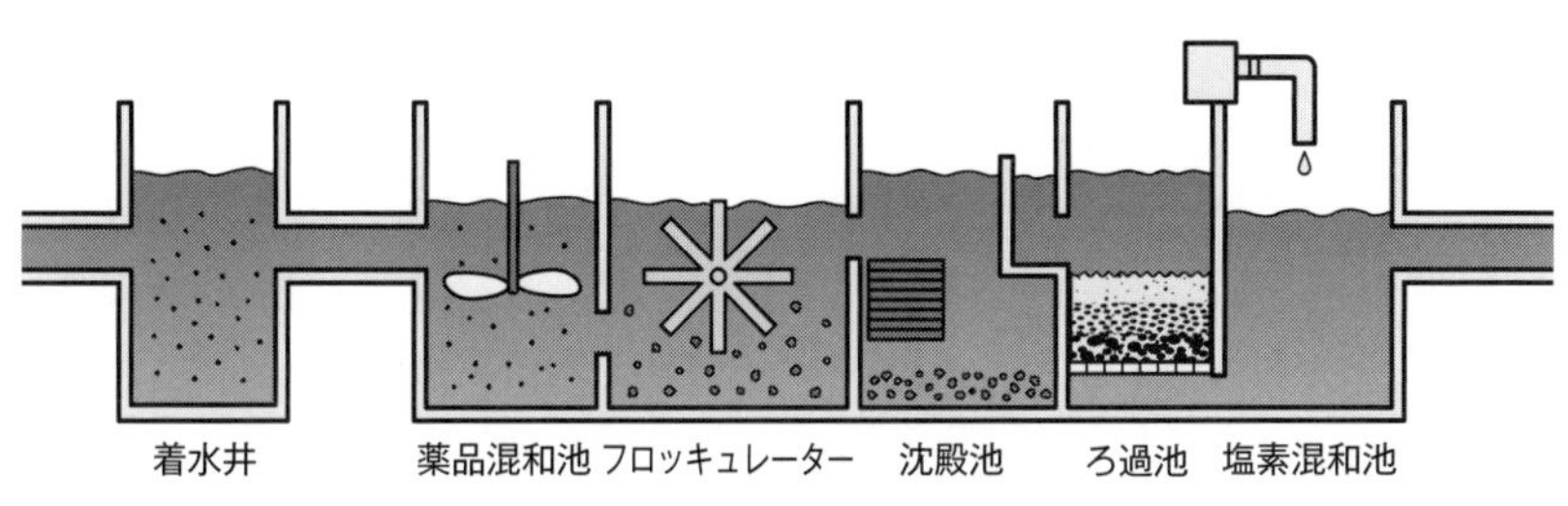

図16　急速ろ過池模式図

また、砂ろ過の継続時間は、ろ過池の目づまりに至る時間で決まります。凝集沈殿処理で、どれだけきれいにして、濁質をろ過池に入れないかがポイント。目づまりして水が通らなくなれば、ろ過を止め、逆洗してろ過池を洗浄することになります。

ここまで見てきていただいたように、いろいろ処理プロセスはありますが、化学的な反応（凝集）と物理的な現象（沈殿、ろ過）で構成されるので、物理化学処理というものに分類され、それが緩速ろ過の生物処理と大きく異なるものとされる由縁です。

急速ろ過システムは、溶解成分には基本的に無力です。そこが、一部溶解成分にまで対応できる緩速ろ過システムとの大きな違いですが、一方で、高濁度に対応できる処理容量の大きさを持っています。

緩速ろ過システムにしても急速ろ過システムにしても、処理の限界があります。水道における水質管理は、水源選択と浄水処理の選択、この二つが相まって確保されていることを覚えておいていただければと思います。通常の急速ろ過で対応するには、問題となる溶解成分がないことが必須条件です。

4　高度処理

緩速ろ過処理は、基本的に高濁度などがない良好な水源を前提にした処理システムです。また、急速ろ過システムは、溶解成分に対応できないため、問題となるような溶解成分がない水源を選択するという前提で使われるものです。ただ残念ながら、水源を選り好みして自由に選択できる事業ばかりではありません。特に水質汚濁が進んだ昭和から平成にかけては本当に大変な時期でした。

急速ろ過で対応しきれない場合には、具体的な問題に個別に対応していくこととなります。その結果、定式化してきたのが高度処理と言われる処理方式です。

■鉄・マンガン処理

あまり高度処理とは言いませんが、溶解成分への対応として、古くは鉄やマンガンといったものに対する処理があります。鉄については曝気酸化で不溶化し沈殿処理で除去するのが一般的です。マンガン処理については、通称、マンガン砂処理という処理が一般的です。ろ過池のろ材の砂にマンガンをコーティングした〝マンガン砂〟を充填しておき、塩素を酸化剤としてろ過前に注入、水中のマンガンがこのマンガン砂表面に析出することを利用して処理します。マンガン砂は、マンガンのコーティングで黒くなるので視覚的にも分かります。

■活性炭処理

異臭味成分などへの対応としては、活性炭の吸着処理が今に至る高度処理のはしりです。炭や活性炭の消臭グッズがたくさん売られていますが、処理原理はこれと同じです。活性炭処理には大きく二つあり、処理槽を設置して粒状活性炭を充填し、吸着処理を行うもの、粉末活性炭を急速ろ過処理の前段に入れ、処理工程の流れの中で吸着処理を行い、凝集沈殿ろ過のプロセスで濁質と粉末活性炭を同時に除去してしまうものです。後者は一回限りですので、基本的に原水水質に問題がある場合に行う臨時対応です。前者は常時処理として行われるものです。吸着処理ですので、ある一定以上の接触時間が必要になります。必要な接触時間は、小さくて接触面積が大きいが故に粉末活性炭の方が短く、速効性があります。

■オゾン・活性炭処理

現在においては強力な酸化分解と活性炭吸着を組み合わせたオゾン・活性炭処理が高度処理として一般化するに至っています。基本的にこれらは、急速ろ過で対応できない溶解成分

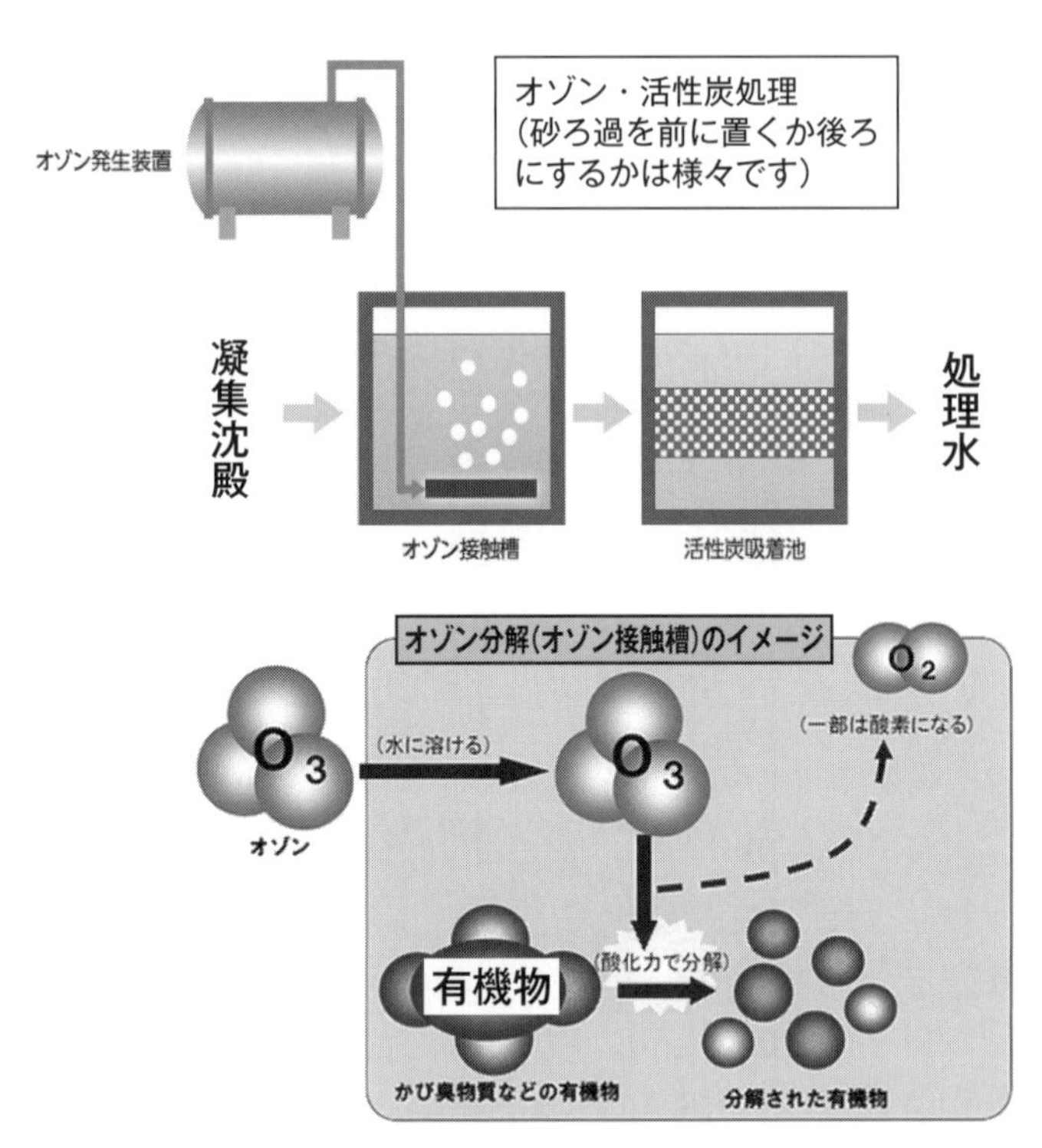

図17　高度浄水処理

を、分解するか吸着して除去してしまうというものです。オゾンは酸素原子からできる酸化物質（O_3）で、処理後に酸素分子になることから、処理水は酸素の溶存量が飽和を超える過飽和状態になります。結果として、活性炭には生物膜が形成され、いわゆる「生物活性炭」という状態になります。オゾン・活性炭処理にこの生物処理の機能を期待する場合は、オゾン・生物活性炭処理といった言い方をするものも見受けられます。

急速ろ過に処理プロセスを付加して、処理機能を向上させるものとしては、ここに紹介したオゾン・活性炭処理までが一般的と言えます。これ以上の水処理を望むとなると、イオン交換や逆浸透・蒸留といったものに進まざるを得ず、これらは特別な資材や大きなエネルギーを必要とし、結果、浄水処理としては極端に高価格なものになります。よほど水に逼迫した地域以外では、なかなか現実的な選択とはなりません。現段階では、急速ろ過システム＋オゾン・活性炭処理というのが、現実的に最も高度な浄水処理と言えます。

5　膜処理

「膜処理」は、ある一定の径の孔が開いた膜でろ過する処理方法の総称です。緩速ろ過や急速ろ過では、いくつかの大きなコンクリートの池をつなぎ合わせた大きな土木構造物とならざるを得ません。一方、膜処理は小規模での処理の確実性や、配置の自由度、集密性などから今般実用技術として定着してきているものです。

急速ろ過と比較検討され、代替技術と目されるのが精密ろ過膜（ＭＦ膜）による膜処理です。

■膜処理の４分類

このＭＦ膜を含めて膜処理は四つに分類されるのが一般的です。膜ろ過は、当たり前の話

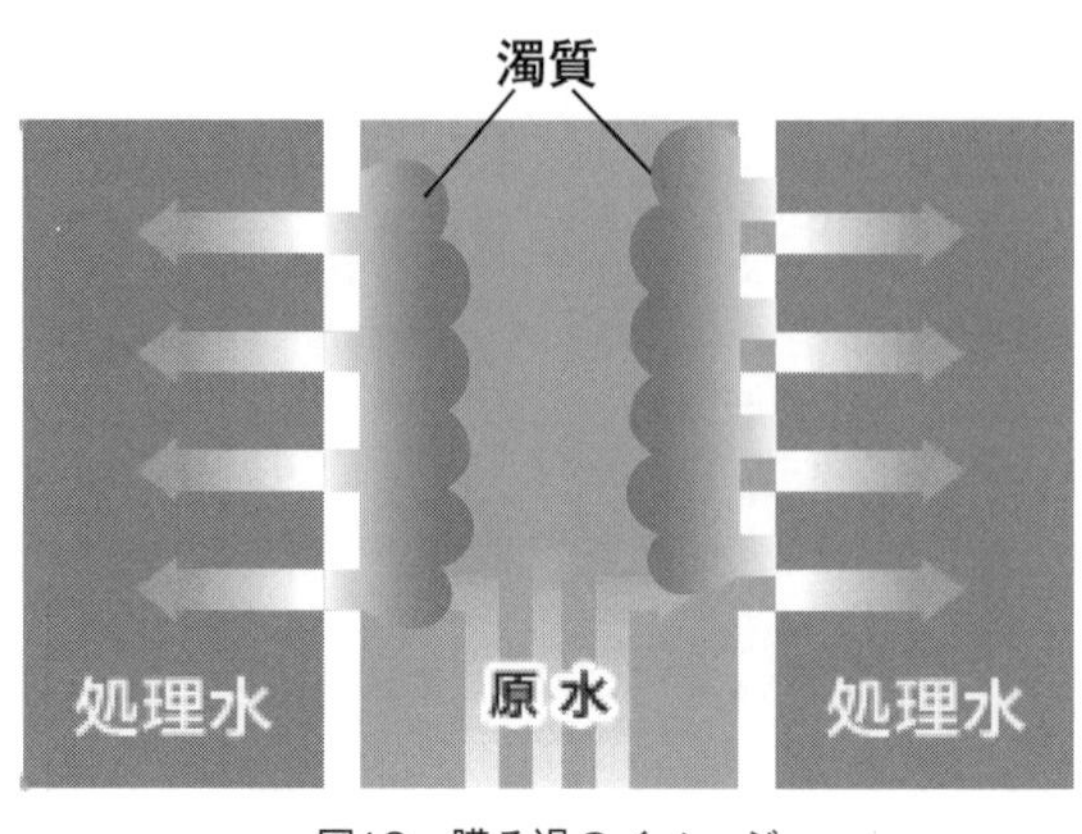

図18　膜ろ過のイメージ

ですが、膜によるろ過ですので、そこに使われる膜の孔の大きさにより、４通りに分類され、ＭＦ膜、ＵＦ膜、ＮＦ膜、ＲＯ膜とされます。

ＭＦ膜は、前述の通り 10^{-6} ｍ程度の孔の膜によるろ過です。限外ろ過膜（Ultra Filtration〈ＵＦ〉膜、ユーエフ膜）は、このＭＦ膜より10～１００倍程度の細かい孔でろ過するものです。さらに細かい 10^{-9} ｍ程度の孔でろ過するのが、その孔の微細さからナノろ過膜（Nano Filtration〈ＮＦ〉膜、ナノ膜、エヌエフ膜）と呼ばれる膜になります（ナノテクノロジー、ナノテクのナノと同じ語源です）。さらに細かい孔の膜処理となると、海水淡水化などで活用される逆浸透膜（Reverse Osmosis〈ＲＯ〉膜、アールオー膜）になります。

浄水処理で現実的な選択はＭＦ膜です。凝集剤添加が標準で急速ろ過と比較されることとなる処理です。ＵＦ膜になるとオゾン・活性炭処理で対応するような高分子をろ過できるようになります。ＵＦ膜を超え、ＮＦ膜となると、浄水処理で問題となるような汚濁物質がそんなに多くある領域ではなくRO膜に近い技術となってきます。RO膜となると、海水淡水化技術ですから、離島や本当に水資源に逼迫する地域では一つの選択肢となってきます。

膜の分類は、このような膜の孔の大きさによる分類と、膜そのものの材質による分類（水道の浄水技術に採用されるものとしては、高分子膜もしくはセラミック膜の2種類）があります。孔寸法と材質の二つにより、膜処理技術は分類されます。

■膜処理の特徴

膜処理については処理性が一つのテーマですが、もう一つの大きな特徴に、小規模でも設置可能ということがあります。

前述の通り、急速ろ過にしても、巨大な土木構造物とならざるを得ません。スケールメリットが大きく効く処理方式です。逆に言えば小規模施設では単位量の建設コストが大きくなります。

一方、膜処理は、モジュールと言われる膜が中に装填された円筒型のケースで構成され、これをラックに何本設置するかといったことが処理施設の設計になります。土木構造物というより、建築物に設置するだけ。スケールメリットがそんなにない一方で、小規模でもそん

●塩素ガスの反応

$Cl_2 + H_2O \leftrightarrow HOCl + H^+ + Cl^-$

●塩化ナトリウム水溶液の電気分解

$NaCl + H_2O \rightarrow NaOCl + H_2$

図19　塩素の反応と消毒効果

なに大きなデメリットがあるわけではないという大きな特徴があります。

小さいものであれば可般型もありますし、ロッカーみたいな形に収めたものまであります。これは、膜処理が大規模施設より、小規模施設、中小事業者から普及した理由でもあります。今後の施設整備を考える上で選択肢の一つとして知っておくべき処理方式だと思います。

6 塩素処理

水道では必須とされる塩素処理です。塩素処理と聞くと塩素イオン（塩化物イオン）を想像しないでしょうか?実は塩素イオンCl^-には消毒効果はなく、水質基準でも塩気を感じるかどうか、味覚に関する基準項目として採用されています。

塩素処理では、消毒効果を持つ、酸素と結合した塩素（遊離型塩素）を水道水中に0・1㎎／ℓ以上保持することとされています（基準値には結合型塩素0・4㎎／ℓ以上というのもありますが、これは窒素と結合した特殊なもので現在では見なくなってしまいました）。かつては塩素ガスを使用するところもありましたが、現在、多くは次亜塩素酸ナトリウム、それも水溶液の形で納入されるものを使っています。塩化ナトリウム水溶液（ようは塩水）の電気分解でも作れますが、自家製造もあまり見なくなっています。

消毒効果があるものはこれ以外にもありますが、塩素処理の一番の効用は残留効果を持つことで、浄水処理後の管路での汚染に対して抵抗力を持つことです。これがあって、塩素処理を必須としています。

浄水場内では、このような直接的な消毒効果のために塩素を利用する他、原水の生物活性を抑える藻類抑制（殺藻）や、すでにお話しした鉄・マンガンなどの処理のための酸化剤としても利用します。消毒のための塩素処理は最終段階で行うのに対し、これらは前段階で行うことから、前塩素処理とか中塩素処理と呼ばれます。

7　浄水処理のまとめ

浄水処理は、その他の土木技術と最も異なる技術で、いわば水道技術の中核技術です。

水道で用いられる浄水処理システムは、19世紀に完成した「緩速ろ過システム」と20世紀に完成した「急速ろ過システム」との二つのシステムが一般的です。

浄水技術の基本は固体と液体、つまりは濁りと水を分離する「固液分離」ということになり、濁りをこし取る〝ろ過プロセス〟を中心とした技術・処理システムになります。これを基本に、「緩速ろ過システム」は中核プロセスとして生物処理を加えたシステム、「急速ろ過システム」は中核プロセスに物理化学処理である凝集沈殿プロセスを加えたシステムです。

これに、高度処理と言われるオゾン・活性炭処理が付加プロセスとして加わり、さらには、21世紀の新たな処理システムとして注目されてきている「膜ろ過システム」が出てきています。

よもやま話 8

日本最大の膜処理浄水場

日本最大の急速ろ過処理の浄水場は、村野浄水場（大阪広域水道企業団）で、緩速ろ過処理最大は、境浄水場（東京都）といったことを『すいどうの楽学　初級編』に書きました。日本最大の膜処理浄水場は、横浜市の川井浄水場の約17万㎥/日で、更新の際、ＰＦＩを活用し、急速ろ過から改変をしています。この浄水場はセラミック膜を用いたもので、高分子膜の最大のものは、鳥取市の江山（こうざん）浄水場の約８万㎥/日とされています。

海水淡水化施設の最大は、海の中道奈多海水淡水化センター（福岡地区水道企業団）の約５万㎥/日、次が北谷（ちゃたん）浄水場（沖縄県）に隣接する海水淡水化センターの約４万㎥/日となっています。

急速ろ過については１００万㎥/日以上が首都圏、関西にいくつかありますが、膜処理では最大といっても川井浄水場の17万㎥/日ですから、規模的にはまだ相当の差があるのが現状です。

第5講 水道の予算と会計・財務

1　水道事業の事業会計

水道事業の財務関係の話をしていきたいと思います。私自身、技術系の人間ですし、決して会計、財務のプロというわけではありません。これらの分野を基礎から体系立てて勉強したわけではなく、必要にかられて職業訓練として身につけたものです。

そもそもなぜ必要にかられることになったのか？そのあたりを導入としてお話します。

水道事業のコスト構造を見ると、やはり施設依存度が高く、水道施設とその運用が分からないと水道事業が分からない、そういう事業特性があると言えます。

水道事業の創設期は、基本的に借金をして水道施設を先行整備し、後に料金で回収するという形にならざるを得ませんでした。そのため、資金の動きと事業の動きは単純で分かりやすいものです。しかし、事業としての歴史を重ねるにつれて、内部資産が蓄積され、資金の動きも複雑になり、事業の動きと資金の動きを理解するにも、いろいろな経緯を踏まえた上でないと理解できなくなってきました。それを簡略な資料で見ようとすれば、否応なく予算書や財務諸表を通して見なければならなくなります。

それより何より水道の創設や普及拡大が絶対であれば、お金の話は付随的な問題になりますが、事業の持続性や、負担とサービスの関係などを問題にする今日的な問題意識から見れば、そうもいかないところ。基本的なことぐらいは知っておいていいかと思いますし、その必要性は今後も大きくなっていくように思います。

一般会計予算であれば、必要事項と予算額だけの1本立てですが、残念ながら水道事業はさにあらず。公営企業会計ならではの2本立て予算です。

この2本立ての予算を乗り切ってしまえば、その先にある財務諸表などの理解のハードルが相当下がります。このあたりから話に入っていきましょう。

2　水道事業の予算構成

一般的な地方公共団体の業務は、一般会計により基本的に税収を当てて実施され、いわゆる単年度主義の会計で管理することになります。受益と負担の関係が明確なものであれば、それ単独で会計管理する方が合理的でしょう。それが特別会計であって、料金収入など独自の収入をもって事業を実施するのであれば、その事業を一つの会計単位として、一般会計から独立させる、これがまさに「特別会計」ということになります。

さらに、水道事業のように、事業運営に施設資産が不可避なものとなれば、その施設整備を事業に先立って行うことになります。事前に施設整備の資金を準備するならばともかく、必然的に借金など（普通は地方債）でその資金を準備することになります。結果としてその事業経営において、長期的な償還など施設資産と資金の管理（後述の貸借対照表の表現を借りれば「資本の管理」ということになります）が必須となります。結果、会計を区分して特別会計を立てるだけでなく、年度ごとに収支を管理する運営管理と複数年にわたる資本（施設・資金）管理の二つで管理する、いわゆる企業会計で管理することとなります。

このようなところまで求められる事業が地方公営企業で、まずは、水道事業が（通常の？）地方財政の一般会計と異なり、特別な予算・会計制度を求められているということを理解していただければ、ここの段階では十分です（地方公営企業法にも、「地方自治法及び地方財政法の特例を定める」と書いてあります）。

ここでは地方債としましたが、水道事業の立場から言えば、地方債のうち地方公営企業で発行するものを地方公営企業債（この中の水道事業債）と言いますので、「企業債」や「事業債」という言葉の方が一般的かもしれません。

■収益的収支・資本的収支

水道事業の予算は、二つの予算で成り立っています。「収益的予算・資本的予算」、実務的には「三条予算・四条予算」とも呼ばれているものです。収支を示すことで「収益的収支・資本的収支」という表現もあります。いきなり三条予算、四条予算と言われてもなんのこと?当たり前の感覚かと思います。これは、地方公営企業法施行令第十七条に予算関連の規定があり、これを根拠にした施行規則第四十五条の別記第一号様式が語源です。この様式は、地方公営企業の予算の標準様式として示されていて、これに限定、義務化されているものではありませんが、多くの事業はこれを用いているのではないでしょうか。この中の第三条に「収益的収入及び支出の予定額」、第四条に「資本的収入及び支出の予定額」という形で、2本立ての予算書を作成することとされています。

前者の収益的収支は、年度で区切った事業活動に関する予算で、〝運転管理の予算手当て〟と言えば分かりやすいでしょうか。もう一つは後者の資本的収支で、これは主に長期にわたって利用する施設などの整備と資金に関する予算です(家〈うち〉の家計に例えれば、その時々で使う生活費の収支と、耐久消費財・不動産などローンを組むようなもののための収支というところでしょう)。

こちらばかり追っていても分かりにくいので、一般会計との比較で水道事業予算を見てい

三条予算
／収益的予算（収益的収支）

（収入の部）	
営業収益	
	給水収益
	受託工事収益
	その他営業収益
営業外収益	
	補助金繰入金
	雑収益
特別利益	

（支出の部）	
営業費用	
	人件費
	減価償却費
	その他
営業外費用	
	支払利息
	その他
特別損失	

四条予算
／資本的予算（資本的収支）

（資本的収入）
企業債
他会計出資金補助金
他会計借入金
国庫（県）補助金
工事費負担金
その他

（資本的支出）
新設拡張事業費
改良事業費
企業債償還金
他会計長期借入金返還金
その他

図20　三条予算と四条予算

きましょう。一般会計であれば、三条、四条の区分なく収支を総括し、どれだけ税収が入ってきて、何に使うかという収支予算（歳入歳出予算）が立てられますが、水道事業の場合、三条予算のいわゆる運転管理予算だけでなく、施設等の資産をどのように整備・更新していくかという、単年度で済まない資産に関連するお金の収支、つまりは四条予算とを区別して、2本立ての予算を作成するところがポイントになります。

一般会計では、備品などを購入して複数年使うにしても、お金の支払いが行われるその年度の会計に載ってしまえばそれでおしまいです。しかし、水道事業の場合は、水道施設整備などにかかる支出、その毎年の支出に対してどのようにお金を調達してどう使うかについて、単独で収支予算を明らかにすることが求められます。このときの収入の基本が、地方債（企業債）といった債務（借金）や国庫補助になり、この収支を明らかにするのが「資本的収支」の中心的な意味です。

乱暴に言ってしまえば、今年度の施設整備のための工事費をどこから捻出するのか、借金、補助、自己資金？それをこれだけ別立てで明示するのが、一般会計にない資本的収支の元来的な意味と言えます。

3 収益的収支・資本的収支の内容

前項で水道事業が2本立ての予算形式をとる話をしました。これ以上、うまく説明する言葉を持たないので、この予算立ての中身を具体的に見ていくことによって、イメージをしっかりさせて理解を進めてもらいたいと思います。

「収益的収支」は毎月の生活費の収支みたいなものと言い切ってしまいました。かなり乱暴な例えでもあります。中身が何か、どのようなものが計上されているかを見ていきながら理解を深めていきましょう。乱暴さとそこからこぼれるものが何かも分かってもらえると思います。

収入側に計上されるのは「営業収益」、「営業外収益」、「特別利益」、支出側に計上されるのは「営業費用」、「営業外費用」、「特別損失」となります。営業や営業外とされる収益・費用は毎年発生することが想定されているもので、逆に特別利益・特別損失は毎年の発生が想定されていないもの、その年度の特殊事情で発生したものが計上されます。

「営業収益」の中心は〝水道料金〟、それ以外に給水接続の際の工事費（工事代行収入）などが「受託工事収益」として計上されます。「営業外収益」は一般会計からの補填など、事業運営に対する補助等が計上されます。

「営業費用」は〝人件費〟や〝減価償却費〟〝その他〟として、運転管理のための諸経費、施設運転や料金徴収など民間委託の費用もここに入ります。一般的に営業費用の最も大きいものが〝その他〟であることも特徴的です。「減価償却費」については、ここではいったん忘れましょう。詳しくは後述します。

「営業外費用」は、直接的な運営管理以外の費用で、主たるものは、借金の利息部分、支払利息になります。

次は「資本的収支」の中身です。「資本的収入」は財源となる地方債、一般会計など他会計からの繰入、国庫補助金などで構成されます。支出側は当然、工事費と過去の借金の返済金です。工事費は、新設拡張費と更新費（改良事業費）に分けて計上するのが一般的です。

いかがでしょう？具体的内容が分かると、この予算2本立ても理解しやすくなるように思います（予算が2本立てなら、その結果を整理する決算も2本立てということですので念のため）。このように予算・決算が2本立てであることは、実務にも影響しているのではないでしょうか。同じような施設工事でも補修・修繕か、更新かを整理する必要があるのは、収益・資本のどちらの予算で処理するかが変わってくるからです。応急対応の補修・修繕は三条予算（収益的収支）でしょうし、計画的な老朽化対策で行うような更新工事は四条予算（資本的収支）で手当てするというような整理がなされているかと思います。技術実務の方であれば、自分の行っている業務発注の予算がどちらの予算から出ているかを見てみると、こういった話が少しは身近に感じられると思います。

4　施設資産と単年度決算制　減価償却費を理解する

次は、先送りしていた減価償却費の話をしたいと思います。

これだけ歴史を重ね、整備時期の違う各種の水道施設・資産を管理しながら予算・会計処理を行うと、様々な施設が整備年代も異なった形で輻輳（ふくそう）し、その資金やそのための借金なども当然輻輳化します。結果、各施設と財政措置が複雑化してなかなか理解しにくい状況になっているように思います。特に技術系の方は、予算・会計はやるべきことの副次的業務で勝手についてくる面倒な仕事、自分の仕事ではないと考えてしまいがちではないでしょうか。私自身もそういう感覚があって、それを乗り越える心理的な障壁は結構高いものがありました。これは何も私に限った話ではなく、理系・技術系頭（あたま）の共通の傾向のように思います。

そんな私が、なんとなくこの世界が分かった気になった、大きく壁を乗り越えた気にさせてくれたのは、減価償却費の概念が分かったときだったような気がします。ここをとっかかりにして予算・会計の話のもう少し詳しいところに入っていきたいと思います。

予算・会計は「金計算」、お金の動きの話のはず……このあたりが専門外の人間がつまずく一つ目の落とし穴だと思います。お金の出入りの単純な話でないと切り替えられるかがポイントで、それが端的に表れるのが減価償却費です。その理解のために最も単純な、水道事業で新規立ち上げのときを考えましょう。

これから水道事業を始めるとなれば、最初の状態は「建設中」。まずは水道事業ができる体制を整えなければなりません。水道施設建設（水道法だと「水道布設」）が最初にきますが、この状態で料金がとれる？一滴も給水していないのですから料金収入などあろうはずもありません。この最初の建設の時期は借金で建設費用を賄うしかありません。事前に水道事業立ち上げのための貯金をしてました……なんてところがあればいいのですが、普通はそうはなりません。必要にかられて借金でスタート。これが水道事業の普通の姿です。施設建設が終わり給水開始後の料金でこの借金を返済することになります。

【実耐用年数＝償却期間（法定耐用年数）の場合】

人口が一定かつ償還期間内で施設が老朽化し更新する場合、総括原価主義の料金一定の事業経営となる。借金を返し終えると次の更新の借金があるため、絶えずマイナスになる。これが公営企業経営の基本的（原始的）な姿。

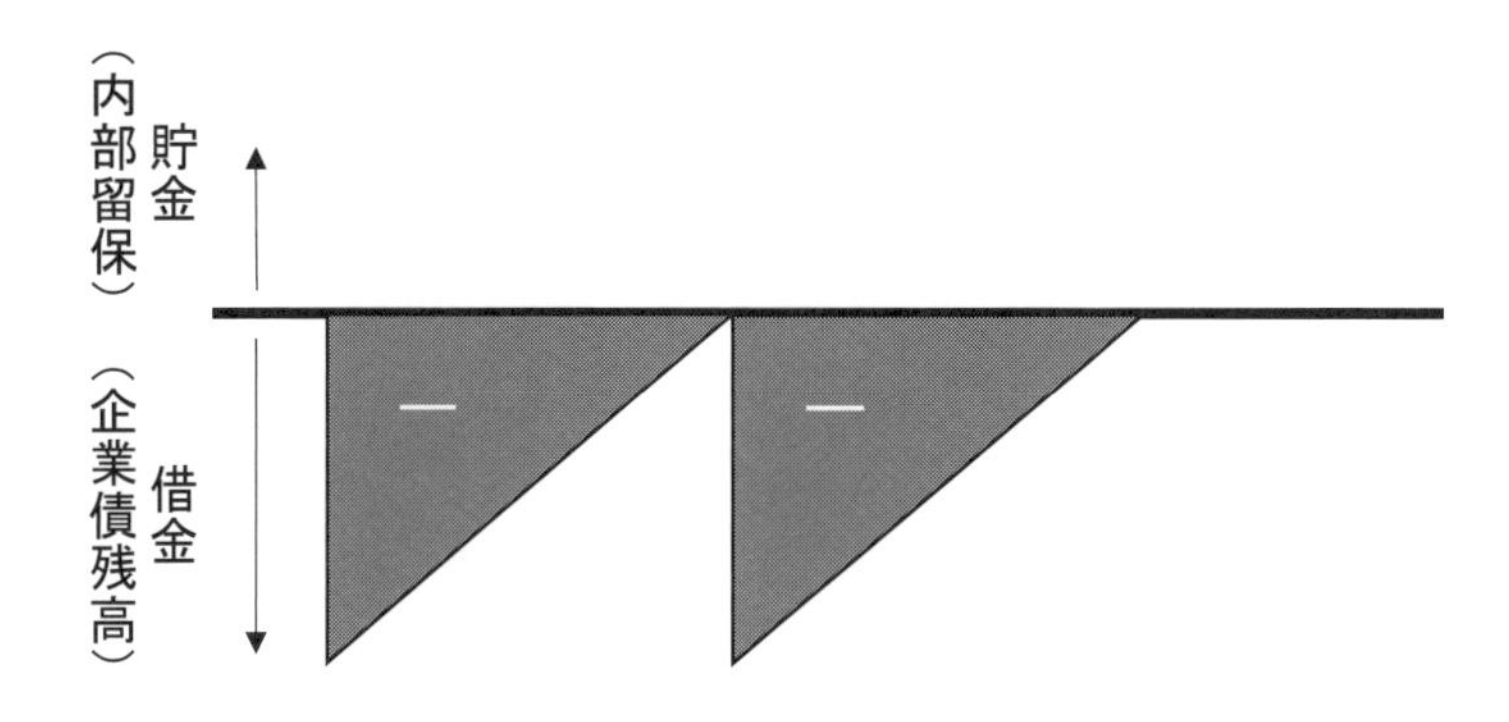

【実耐用年数＞償却期間の場合】

実耐用年数が償還期間（減価償却期間）より長く、最初の料金設定のままで固定すれば、償却期間後で更新時期までの間、そこまでの毎年の借金返済額に相当する額が自己資金として内部留保できる。

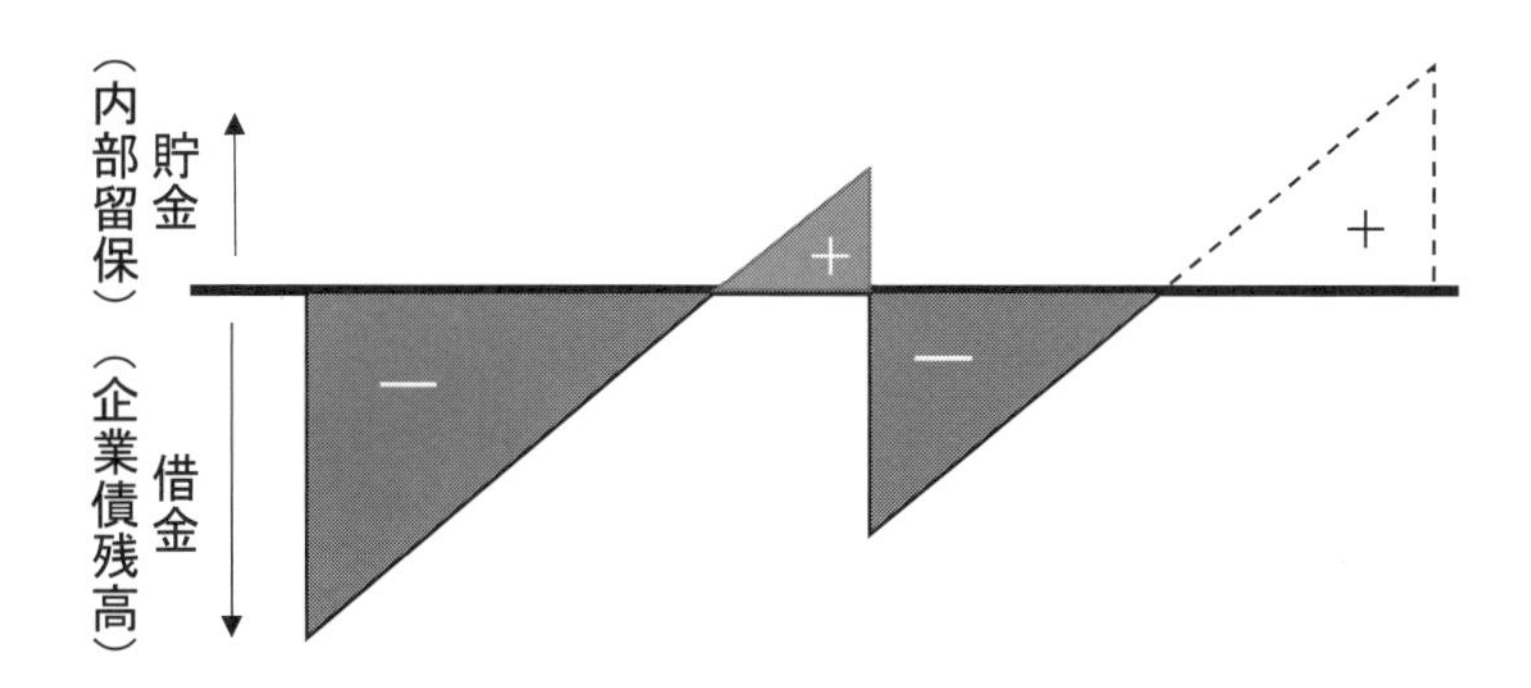

図21　水道事業（地方公営企業）の施設整備と借金のイメージ

さて、この時点の予算立てはどうなっているかを考えます。日々の水道施設の運転管理の経費もかかりますが、その上に施設建設の借金返しの経費が上乗せされることになります（このような施設整備関係などの経費を全て含めて料金設定することを総括原価主義と言い、水道料金設定の基本としています。受益者負担という言葉もありますが、かかった費用を料金で回収する地方公営企業の基本的な料金設定の考え方です）。この借金返し経費が水道事業での減価償却費の原型、直感的イメージです。

どんなものでも、それができた当初に最も基本的で原理的なものを見せてくれるもの。１９６０年代後半の水道統計を見ると「減価償却費（地方債償還元金）」といった記述を見ることができます。地方債という借金で施設を整備し、その地方債の借金返しのための割賦払い金は、減価償却費に相当するものとして説明しているわけです（賃貸住宅住まいの住の経費は家賃、持ち家住まいの住の経費は、家の購入代金をこの家に住み続ける期間で割って、住むのはいつまでだろう……あ～面倒、（頭金なしの全額ローンなら）ローン代ということにしよう！みたいな話です）。

施設を整備したお金は、現金としてはそのとき支出しますが、その施設自体は、その後、数十年使い続けることになります。減価償却費は、その年度に受け持つべき施設整備費用を、予算・会計上で計上するものです。内部資金が全くない状況であれば、これはそのまま借金返しの原資となって支出されるものとなります。その状況を表したものが前述の「地方債償還元金」という表現でしょう。ずいぶん乱暴な説明ではありますが、減価償却費が借金返済の原資というイメージを先に持ってしまった方が理解するためには近道です。

施設整備や現金の動きといった具体の事業活動に近づけた話にしてきましたが、会計の言葉で説明すると、次のようになります。

「施設整備をしたお金は現金としてそのとき支出します。施設は長期にわたって水道料金を獲得するために使用されます。減価償却費は、施設整備費用のうち各年度の収益の獲得に役立ったと考えられる部分だけをその年度の費用とし、同年度の収益と対応させるものです。施設整備費用は過去に支出しているため、減価償却費に相当するお金の支出は当該年度にはなく、対応する収益分のお金が留保されることになります。これはそのまま借金返しの原資となります。」いかがでしょう。

事業当初など時系列的に単純な状況であれば、このイメージ、理解だけでどうにかなりますが、内部資金があってそれを原資に施設を拡張したり更新したりすることになると、お金の動きがこう単純ではありません。結果として、「減価償却費」はその字義に近づき、〝施設が損耗して価値が減ずるその評価額を計上する〟といった説明になってきます。さらに、施設自体の実態の寿命と減価償却費の計算に使う耐用年数が必ずしも一致しないというようなことが重なってくると、この費用が「会計上の仮定に基づく現金の動きと異なるその年度の

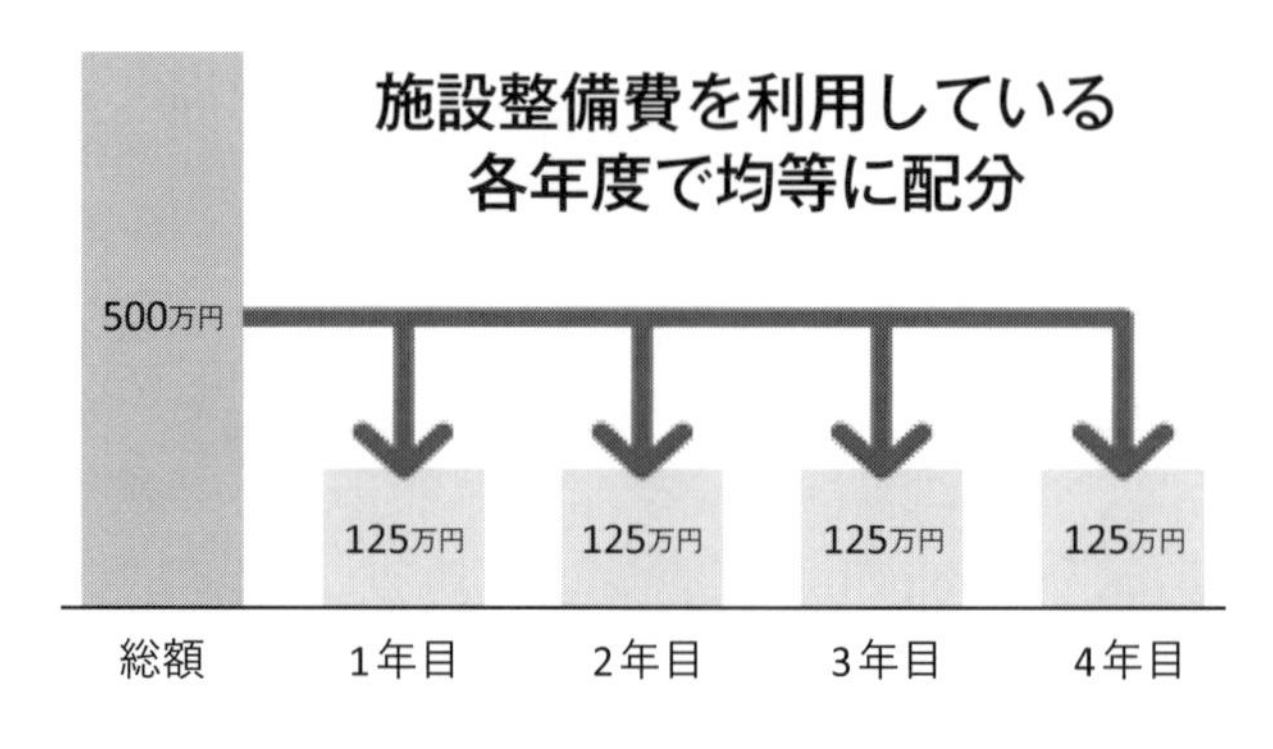

図22　減価償却費のイメージ図

経費」といった理解になってきます。しかしよく考えると、施設整備の際は先行して資金調達しなければなりませんし、元の状態に戻そうとすれば内部（自己資金の減少）か外部（借金）かにかかわらず割賦払いをして返していかなければなりません。その割賦払いの期間が、施設寿命と少々ズレているからややこしいのですが、借金の処理だけは、土木構造物であれば30～40年でやってしまおう、そのための費用計上のテクニックと割り切ってしまう方が実務上の減価償却費の理解には近いはずです。この割賦払いの計算法がいくつか（定額法、定率法など）ありますが、それはこの「借金返し相当額」の理解の後の話かと思います。

減価償却費に象徴される予算・会計上の発想は、基本的に、潜在的なものも含めて単年度の経費を算定するためのもの、そう理解してしまってもいいかと思います。

5　水道事業の財務諸表　損益計算書と貸借対照表

水道事業の予算立てのほかに、水道事業の経営状況を表す会計作業があります。予算に対して決算、決算処理により作成するいわゆる財務諸表の話です。地方公営企業は損益勘定、資本勘定の二つを立てることとされています。その結果として作成されるもので、地方公営企業であれば損益計算書、貸借対照表となります。

これらが何か?説明になっているかどうか微妙ですが、「損益勘定において損益取引を記述し、その記述したものが損益計算書」、同様に「資本勘定において資産状況を記述した、その結果が貸借対照表」となります。

■損益計算書と貸借対照表

〝財務諸表を読めるようになる本〟みたいな入門書が書店にたくさんありますので、ここでは水道事業の損益計算書と貸借対照表がどんなものかの話をしたいと思います。

損益計算書は収益と費用を表すもので、年度1年間という〝期間〟の収支を表現しようとするものです。一方、貸借対照表は、水道事業で持っているもの〝資産〟がどうなっているかを表すもので、これは普通は年度末という〝時点〟の状況を示すものとなります。「損益計算書はある期間の事業活動を表現し、貸借対照表はある時点の資産の状況を表現する」というわけで、損益計算書と貸借対照表の関係に注目すれば、「前年度末の貸借対照表（が表す資産状況）が、1年間の損益計算書で表される事業活動によって当年度末の貸借対照表（が表す資産状況）となる」という理解になります。

損益計算書は、料金収入などの収入（収益）と人件費や施設の運転管理費などの費用の収支表ですから、比較的分かりやすいでしょう。その中で分かりにくいのは、前回予算で説明した減価償却費や長期前受金戻入といった、具体の事業運営や現金の動きと異なるものかと思います。一方、貸借対照表は表の構成からして独特のものがありますので、多少の説明が必要になります。

■貸借対照表の意味

ここでは、あえて貸借対照表から入りたいと思います（理由は後から分かると思いますが、長期前受金が出てくる貸借対照表を先にして、長期前受金戻入を後から説明するためです）。その貸借対照表は、水道事業で持っているもの（資産）について、どういう形で持っているのかを表現するものです。「資産側を借方、もう一方を貸方と言い……」といった説明にすると、「なぜ資産が借り？」「貸しってどういう意味？」……言葉に納得できず「分からないモード」に突入です。そこを避けて、この表の機能の理解に専念しましょう（私自身も一応語源を勉強しましたが、その実、分かったような分からないようなぐらいのレベルです。本ページ「ミニ知識　P／L、B／S・勘定式・報告式」参照）。貸借対照表は一般的に「左側に資産、右側に負債・資本を表記」しますが、水道統計などは連続の表になっていますし、機能の理解で十分かと思います。

P／L、B／S・勘定式・報告式

損益計算書をP／L（Profit and Loss statement）、貸借対照表をB／S（Balance Sheet）、資産の合計と負債・資本の合計が同じになるところから）と略します。会計関係での業界用語です。また、貸借対照表の模式図などにもよく使われる、左に資産、右に負債・資本と表記する方式を勘定式、貸借対照表を縦に、資産・負債・資本と書き連ねる方式を報告式と呼びます。

資産は、水道事業が持っているもの。借金の結果として持てているものなのか否か、それを明らかにするのが貸借対照表の基本的な機能です。まずは資産を並べて、借金とそれ以外で対照して表現する、「資産」と「負債・資本」の対照表が貸借対照表となります。

負債は借金、資本は返さなくていいものです。語感からいうと純資産の方が分かりやすいように思いますが、水道事業の場合、純資産を「資本」と表記しています。「持っているものを資産と言い、その資産取得のための資金調達のあり様（源泉）を『資本（純資産）』と『負債』に分けて表現し直す、そういうものを貸借対照表と言う」、そんなまとめが言葉を含めてすっと入ってくれれば十分かと思います。

ここで、細かい話でもあり、ある意味大きな話でもある長期前受金の話に入ります。個別項目という意味では減価償却費に続き二つめです。これは負債の中の繰延収益の一項目ですが、水道事業の場合、施設整備に対する国庫補助等がここに計上されることになります。

現金で入ってくる国庫補助金が「負債」で、さらには他のところに国庫（県）補助金なんて項目もあるのになぜここに？技術系の人間であれば、当然の疑問ですし私自身もそうでした。減価償却との関係を考えると理解できないわけでもない……というところまでにはいきたいと思います。

まずは負債扱いからいきましょう。少々屁理屈に聞こえるかもしれませんが、国庫補助

資産の部

- 固定資産
  - 有形固定資産
    - 土地
    - 償却資産
    - △減価償却累計額
    - 建設仮勘定
    - その他
  - 無形固定資産
    - 投資その他の資産
    - △貸倒引当金
    - △減価償却累計額
- 流動資産
  - 現金及び預金
  - 未収金
  - その他
- 繰延勘定

負債の部

- 固定負債
  - 企業債
  - 他会計借入金
  - リース債務
  - 引当金
    - 退職給付引当金
    - その他引当金
  - その他の固定負債
- 流動負債
  - 一次借入金
  - 企業債
  - 他会計借入金
  - リース債務
  - 引当金
    - 退職給付引当金
    - 賞与引当金
    - 修繕引当金
    - その他引当金
  - その他
- 繰延収益
  - 長期前受金
  - △長期前受金収益化累計額

資本の部

- 資本金
- 剰余金
  - 資本剰余金
    - 国（県）補助金
    - 工事負担金
    - 再評価積立金
    - その他
  - 利益剰余金
    - 減債積立金
    - 建設改良費積立金
    - その他積立金
    - 当年度未処分利益剰余金（欠損金）
年度末残高
  - 評価差額等

図23　水道事業の貸借対照表

〈３００億円の施設、補助率１／３　残額は全額起債（企業債）の場合〉

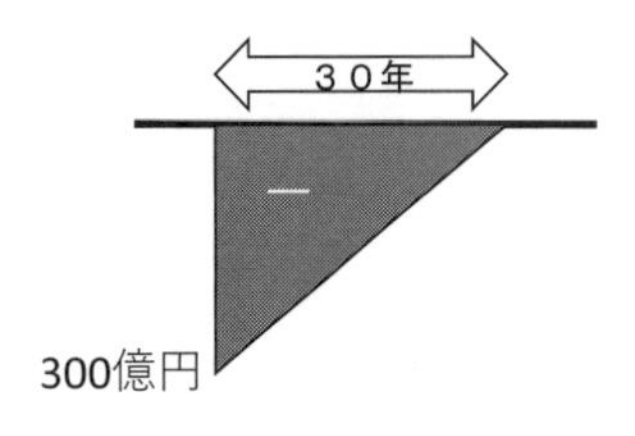

減価償却の分だけ資産が減少。負債も企業債償還で減少。
３０年目施設も（たぶん動いて使っているが）資産としては０。
この不思議の解消のために、償却資産額（施設整備費）をそのまま残し、減価償却累計額を記載する表示方法も見られる。

○初年度

（資産）	（負債）
施設　300億円	企業債　　200億円 長期前受金100億円
	（資本・純資産） －

○１５年目

施設　150億円	企業債　　100億円 長期前受金 50億円
	－

○３０年目

施設　　0億円	企業債　　　0億円 長期前受金　0億円
	－

○30年目（減価償却累計額での表記）

償却資産 300億円 減価償却累計額 △300億円 施設　　0億円	企業債　　0億円 長期前受金　0億円
	－

図24　施設整備と貸借対照表

は、無条件で交付されるのではなく、当初予定の施設がちゃんと作られたか、加えて当初目的で使われているか、使われ続けているかを求められ、これらに合致しなければ補助金返還も求められます。事業債と異なり返還義務はありませんが、施設をきちんと目的通り使い切って初めて自分のお金となる、そう言ってもいい性格の資金です。というわけで（多少、結果論っぽいですが）いったん負債の長期前受金（まさに長期にわたって先に受け取るお金）として計上し、減価償却とともに自己資金化していくという操作を行います。減価償却と事業返済が同時期に同額で進む例で貸借対照表の動きをとらえると、図24の施設整備と貸借対照表となります。

国庫（県）補助金という項目は、資本の「剰余金」、その中でも「資本剰余金」の中にあります。個々に計上されるのは、かつて見なし償却（施設整備費の中から補助金分を減額した自己負担部分だけを減価償却するもので、現在は認められていません）を用いる場合に国庫補助金を計上していたもので、現時点としては水道事業にとって大きな意味を持つ項目ではなくなっています。

■損益計算書の内容と減価償却費

さて、後に回した損益計算書です。貸借対照表に比べれば、小遣い帳に近い感覚で見れるはず……ですがそれで分かりにくいのが収益側では長期前受金戻入、費用側では減価償却費

総収益		
	営業収益	
		給水収益
		受託工事費
		その他営業収益
	営業外収益	
		受取利息及び配当金
		受託工事収益
		国（県）補助金
		他会計補助金
		長期前受金戻入
		雑収益
	特別利益	
総費用		
	営業費用	
		原水費
		浄水費
		配水費
		給水費
		受託工事費
		業務費
		総係費
		減価償却費
		資産減耗費
		その他営業費用
	営業外費用	
		企業債利息
		その他借入金利息
		企業債取扱諸費
		受託工事費
		その他営業外費用
	特別損失	
当年度純利益・損失		

図25　水道事業の損益計算書

かと思います。

営業収益などは言葉の意味だけで理解できるかと思いますが、語感と異なるのは、国（県）補助金と長期前受金戻入でしょう。水道事業の場合、ここでの国（県）補助金は、施設整備の国庫補助や交付金ではありません。国や県からの施設関係の委託調査費や研修等のソフトの交付金などだけです。施設整備国庫補助金は、貸借対照表で説明した長期前受金に計上され、その当該年度分が「長期前受金戻入」に計上されることになります。これは、減価償却同様現金の動きのない収益です。減価償却費は前述の通り現金支出がありませんが、当該年度で受け持つべき施設経費ということになります。

■法定耐用年数と減価償却

法定耐用年数と言われるものは施設価値の会計処理上の期間で、結果的に減価償却の期間を決めることになりますし、水道事業としては水道料金設定にも影響するものです。

施設が使えるか否か、いわゆる実耐用年数と一緒にされてしまうこともよくありますが、これとは別物。実耐用年数が法定耐用年数を下回ると借金を返し終わる前に買い換えとなって困りますが、法定耐用年数以上の実耐用年数があれば、整備費を回収した後に、余裕の期間があるという経営上ありがたい状況になります。いったん整備した浄水場や管路施設であれば、土木関係の法定耐用年数である30、40年で料金回収してしまうのが事業経営としていいところではないかと思います。特に、今後の人口減少を前提とした世代間負担を考慮する事業経営においてはなおさらです。

ミニ知識

単式簿記と複式簿記

簿記とは、もの（資産）とお金（資金）の出入りを記録することです。その方式に大きく単式簿記と複式簿記の二つがあります。

単式簿記は、お金の収支（出入りとその事項）を記録していく家計簿、お小遣い帳のようなもので、一般会計の予算書もこれに含まれます。

複式簿記とは、取引の二つの意味、「物を得るという原因により、お金を払うという結果となる」、こういった二面性に着目して、両者の関係を記録するものです。貸借対照表も、資産という「持っているもの」を、負債と純資産（資本）が支えている、この両者を記録しているということで、複式簿記に当たります。

6 水道料金と設定法

水道料金自体の現状や事業ごとの差異の理由などは、すでに初級編で述べた通りです。要約すると、水に恵まれているかどうかはその地域の環境そのもの。これが言ってみれば原材料費ですから、そのまま跳ね返ります。水質も様々で、これに応じた浄水を行えば浄水費用も水源依存。都市ごとに地形も人口密度も違いますので、当然、これに供給するための水道施設もそれぞれ。これらを原価として計算し、水道料金に反映させるのですから、水道料金も地域ごと、事業ごとに差異が出ざるを得ません。水道は地域環境そのものという所以です。「水道料金がなぜ地域により異なるのか」。よくある質問ではありますが、水道を知ればこの質問の立て方自体に違和感があって当然となるはずです。土地の値段が便利さなど立地条件で異なるのと同じように、水を供給する条件で当然料金は異なります。

中級編ではこのような定性的な理解から定量的な理解へ進めたいと思います。具体的には、料金設定で出てくる総括原価主義や口径別料金、用途別料金といった料金関係の基本情報をまとめておこうと思います。

■総括原価主義

水道料金設定を検討する際、その料金で賄いたい対象経費を明確にする必要があります。対象経費は、その年ごとに必要とされる運転管理費と施設整備・維持費、いわゆる資本費用を合わせたものとするのが原則です。この運転管理費（営業費用）・資本費用の両者を原価とすることから、これを「総括原価主義」と呼んでいます。

無駄な運転管理や施設整備をしないことは当然の条件ですが、その上で、かかる経費を原価として設定し、それを料金によって賄う、いわゆる独立採算制の言い換えと理解していいでしょう。このような考え方を簡潔に、実務的にまとめたものが、日本水道協会の「水道料金算定要領」です。運転管理費は、その年の具体の業務から出てくるものなので比較的分かりやすいと思いますし、その業務実施のための必要経費として積み上げで出せますので、実務的な対処がしやすいかと思います。

多少大変なのは、毎年の資本費用をどう見込むかです。前述の算定要領では、資産維持費（持っている水道施設〈＝資産〉を維持していくための必要経費）と支払利息を資本費用としています。資産維持費については、「将来的に維持すべき資産」×資産維持率（％／年）で算定し、この資産維持率は年３％とするのを標準としています。水道施設が土木、建築、機械、電気などの構造物や施設、設備にわたることを考えると、３％すなわち30年余で入れ替わると見れば（標準として）理解できるところです。

水道法では、資産維持費（水道法施行規則第十二条、水道法第十四条〈「供給規程」の技術的細目〉）は、「水道施設の計画的な更新等の原資として内部留保すべき額」とされています。

施設整備の費用に加え、更新時のための資産維持費を内部留保できるようにするのですから、ある意味二重の準備でかなり大変なものです。借金を基本としたところからの脱却というのもあったと思いますが、今後の水道事業の事業環境を考えれば、この先利用者が減る、そのような世代間の負担の違いを考慮せざるを得ず、将来の準備を現時点でする重要性はこれまで以上に増してくると思います。

少々余計な話になりますが、将来的に維持すべき資産・施設を明らかにすることが、人口減少社会を事業環境とする水道事業にとっては非常に大切ですし、さらに現状施設の整備時期、老朽度などを把握した上で、この資産維持費を詳細に積み上げで算定していくというのが、資産管理（アセットマネジメント）の基本的な考え方と理解していただければいいかと思います。

■用途別料金制と口径別料金制

このように設定された原価を、具体的にどのような形で料金制度に落とし込むかが次なる段階かと思いますが、その方法に大きく2通りあるのが現状です。一つは水道の用途、家庭用・営業用などで区分し、それごとに料金を設定するもので、「用途別料金」と呼ばれます。もう一つは口径別料金と呼ばれるもので、各利用者への引込み（接続）の給水管口径の大きさをもって料金を決めます。アンペア数によって電気料金を設定するのと同様の考え方です。

用途別料金制は使用実態や負担能力を反映しやすく、（事業側の都合ではありますが）需要動向を把握しやすいという特徴があります。一方、口径別料金は、需用者から見て分かりやすい客観的尺度を採用しており、負担の公平さという面でも分かりやすいという特徴があります。

水道料金設定の歴史というか経緯を見ると、かつては用途別料金制とする事業が一般的でしたが、平成20年頃に口径別料金制が逆転し、現在は約6割が口径別（3割が用途別、その他が1割）を採用しています。

このような基本的な料金制ごとに、基本料金部分と従量料金部分に分け、その合算で料金を算定するのが一般的です。利用者からすると水道水の量にお金を払っている感覚でしょうが、事業経費で見れば、水量増加による費用上昇の感度が大きいわけではありません。利用者感覚と事業構造との間で、基本料金と従量料金のバランスをとる必要があります。事業側の都合で考えれば、基本料金比率を上げていく必要がありますし、少なくともこれまでの逓増制（多量利用者に対する傾斜負担）は見直す時期にきているように思います。

7　会計・財務のまとめ

水道事業を含め公共事業の世界でも、資産管理とかアセットマネジメントという言葉が用いられるようになり、定着もしてきているように思います。しかし、こういう動きが出てくるはるか前から、このような概念が組み込まれた事業管理を行ってきていました。2本立ての予算がそれです。収益的予算・収益的収支と呼ぶ運営管理費と、資本的予算・資本的収支と呼ぶ施設整備・資産関係の予算で、そのための資金調達（起債・借金）を含めたものになります。後者を単なる施設建設という行為のための費用と理解してしまうと、資産管理とは遠い概念のようになってしまいますが、減価償却費という単年度換算した施設費用、すなわち資産費用を理解すれば、収益的収支と資本的収支が結びついて、全体のお金の動きが理解できます。

事業の会計、財務諸表についてもこの延長で理解するのが、具体の事業活動との関係で考えられるという意味で分かりやすいでしょう。1年間という期間を通してどのような収入、支出の動きがあったかを示すのが損益計算書、前年度の資産状況から1年間の事業活動によりどのような資産状況になったか、年度末という一時点の資産状況を示すのが貸借対照表です。フロー、ストックといった言葉を聞くことがあるかと思いますが、損益計算書で表現されるような動きがフロー、貸借対照表のような資産状況がストックといった理解になります。そのストックの有り様を示すのが貸借対照表で、基本的に持っている資産がどのような形か、純粋に自分の資産か、借金をすることにより持っている資産かを表現するものです。

このように事業にかかる費用の2本立ての整理が分かれば、水道料金の算定の基本である総括原価主義の意味も理解できます。「総括原価」の意味が、単年度の収支だけでなく、その年度に受け持つべき資産相当費用も含め、原価として水道料金を設定するというものです。

予算や会計について、単にお金の出入りと考えると理解できない部分が出てきてしまいます。長期的な収支を合わせて事業を経営するということを、単年度ごとの事業経営のためのある種の整理術として見ると、全体像が見え理解しやすいのではないか、個人的な経験からそう思います。

繰り返しになりますが、会計というイメージを具体のお金の動きの記述と勝手に思い込むと難しくなってしまう世界です。官民とも、会計書に、具体のお金の動きを示すキャッシュフロー計算書なるものが後に導入されたのは、まさに、それまであった損益計算書などが具体のお金の動きを示すものではなかったことの証です。具体のお金の動きで見えない、潜在的なものを含めた収支を明らかにするのが財務諸表と理解する方が、少なくとも事業活動との関係から財務諸表を理解する場合は、近道だと思います。

よもやま話 9

水道料金の変遷

水道統計で紹介されている、総務省家計調査と水道料金の比較によると、平成以降、会計支出のおおむね0・8～0・9%を占める状況にあります。

他のライフラインと比較してみると、上下水道料金とほぼ同額または若干高めなのがガス代、ガス代のほぼ倍が電気代という状況になっています。

50年ほどの変遷を見ると、昭和40～45年が月500円程度（20㎥／月・家庭用）だったものが、消費支出を追うように上昇し、平成に入って鈍化しました。平成15年ぐらいからは料金改定をする事業者が減少し、また、値上げ・値下げが拮抗するような状況もあり、全国平均料金としては頭打ちになっています。ここ5年ほど値下げ事業者が減少したこともあり、全国平均としては料金上昇の気配を見せています。

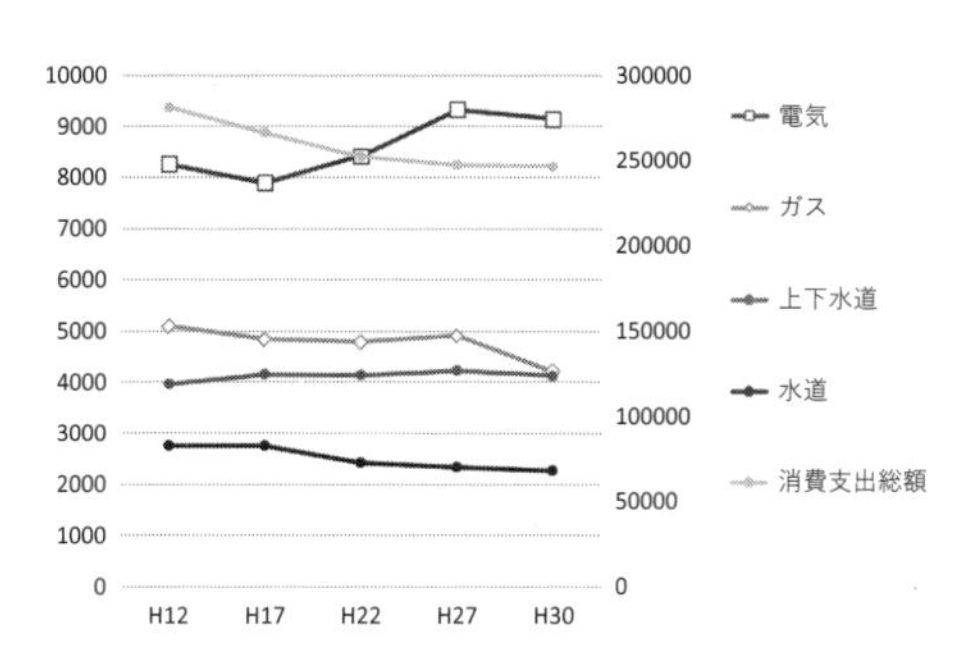

図26　消費支出・光熱費と上下水道料金の推移

図27　消費支出の変化と水道料金の推移

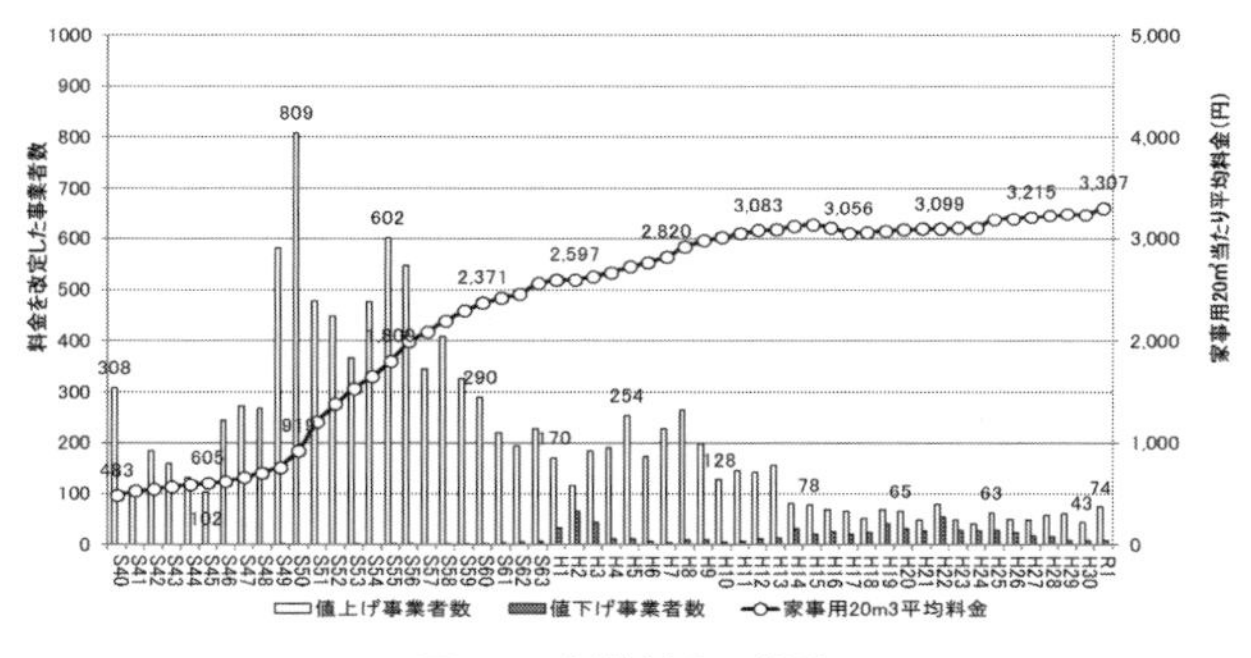

図28　水道料金の推移

第6講

水道事業の実施体制

1　水道事業の人員体制

日本全国1億2000万人強に対し、直営職員5万人弱の人員で水道事業の運営に当たっています。一つの水道事業、言い換えると末端供給事業完結型で水道事業を支えているとして、どのような人員体制で水道事業がなされているかをご紹介します。

ここでご紹介するのは、水道統計などから出てくる水道事業の平均像としての人員体制で、事業環境の違いを考慮したものではありません。このような見方により画一的に水道事業の体制を見てほしいわけではなく、標準・平均像を一つの物差しとして、個々の水道事業の特質を理解する助けにしてもらえればと思います。

平成30年度の水道統計を基にすると、給水人口100万人を約4000人の直営職員で支えていることになります。このほか民間の運転管理委託の職員も平均すると30人が投入されている状況です。直営職員1人当たりで計算すると平成30（2018）年で2500人超の人口を支えていますが、労働人口の減少を考慮すると令和32（2050）年には2900人超

表2　水道事業の人員体制の例

給水人口	100万人	25万人
総職員数	400人	100人
総務部門	40人	10人
計画部門	26人	7人
浄水部門	110人	28人
管路部門	146人	35人
営業・サービス部門	78人	20人

となってしまいます。人口減少は、需要にも大きな影響がありますが、事業運営側、担い手側にとっても大変なことです。

◇　◇

事業計画や資産管理など計画部門が充実していると思われる末端完結型の事業を10ほど選んで職員配置を調べた平均値をご紹介しますと、総務部門が1割、計画部門が1割弱、浄水部門3割弱、管路部門が3割強、営業サービスが2割といった結果になりました。この10事業の中でも相当の違いがありましたし、事業規模も相当異なるものから作った数字ですので、そういったことも含めて理解していただければありがたいと思います。

私の中での関心の中心は、浄水部門と管路部門の人員規模の比較であり、今後の水道事業を考える上で重要性が増す、中長期の経営計画や施設計画を担う計画部門の比率でした。

送水管理を浄水部門で持つか、管路部門で持つかによっても違うでしょうし、実際、事業によっては管路部門より浄水部門の比率の方が大きいところもありましたが、全体的な傾向としては浄水部門より管路部門が大きくなっています。管路は施設整備費の3分の2を占める設備であり、給水人口100万人規模となると収益約230億円、給水量33万㎥／日、管路延長は5900㎞にも及びます。これらの保守・点検、維持管理となれば、浄水管理より大きくなるというのも理解できます。

営業・サービス部門は民間委託が最も進んでいる部門ですので、これこそ事業ごとの差が大きく、平均値をとることの意味を問われるところではありますが、平均的にはまだ2割近い人員が割かれているという理解かと思います。民間委託の運転管理員は、検針や料金徴収などのサービス部門を含まない数字です。施設運転そのものの民間委託と思っていただいたらいいかと思います。

最後に、職員数側から水道事業の規模を考えてみたいと思います。

地方公共団体で実施しているとはいえ、水道事業はやはりそれなりの専門技術を要する業務だと思います。それを考えれば、水道事業の職場として毎年安定的な採用数を確保するというのも大切でしょう。技術系、事務系を毎年1人ずつ採用することを考えれば、職員規模は全体で80人から百人。これぐらいの職員体制をとれれば、他部署への出向や他事業体との人事交流なども考えられる規模になりますし、災害等の危機管理体制や応援も考えることができるでしょう。これを給水人口に換算すると20万人から25万人規模になります。都道府県単位で考えれば、100万人以下の都道府県において、2～4区域程度となり、広域化の議論の目標とも一致する規模感かと思います。

労働人口が減少し若い働き手が年々減っていく中で、どのような形で人員を確保し、どのようにその人員で支えられる事業規模にしていくのか、人員体制側からの広域化や広域連携の検討もあっていいように思います。

2 資産管理の活用方法～アセットマネジメント～

水道事業において資産管理（アセットマネジメント）がテーマに掲げられ、10年ほどになろうかと思います。始まりは平成21年7月に出された「水道事業におけるアセットマネジメント（資産管理）に関する手引き～中長期的な視点に立った水道施設の更新と資金確保～」だと言えます。簡易ツールの追加等の改訂もされていますが、基本的な部分は変わっていません。基本的な方針、思想は、まさに副題にある「水道施設の更新と資金の確保」であり、「施設維持・更新に対する費用（コスト）の意識化」です。

それまでの水道事業において、維持更新（改良事業と呼ばれることが一般的でしたが）を含めた施設整備は「せざるを得ないこと」であって、必要費用は二の次の話でした。人口増加の状況下、普及率向上を基本方針とした時期としては、仕方ないというより、むしろ自然な発想だったかと思います。

問題は長期人口減少という事業環境です。施設更新ありきで後から費用がついてくる、その先には必要経費を転嫁しての水道料金の設定が待っているわけですが、このような発想に利用者がついてきてくれるか、理解してもらえるかという問題がありました。

そのため資産管理・アセットマネジメントというキーワードを提示し、施設整備に対する費用の意識化を図り、中長期的な観点で必要経費を算定し、自らの定量的な理解と意識をはっきり持つことを目標としました。まずは一歩目として、このような理解で施設整備を考え直してみることが非常に重要だと思います。

考え方はかなり浸透してきたと思いますので、この資産管理の発想を具体の水道事業に活かしていくために「このようなことはどうか」という提案をしたいと思います。

まず一つ目は、資産管理について、一つの正解を求めるためのものとせず、シミュレーションゲームとして様々なパターンを試してみることです。今流に言えば「シナリオを描いてそれに合わせた事業シミュレーションを行う」ということになるのでしょうが、そんなに難しく考えず、いろいろ試算を繰り返し、将来的な事業の振れ幅や自由度を実感することをお勧めします。その際、単なる資金繰りシミュレーションと思わず、技術的な側面と財務会計的な側面の両者を投入するのが重要だと思います。かつての資材や施工技術が持つ実耐用年数をどう見込むか、今般の技術を投入したものが今後どの程度持つのか、今後の施設統廃合まで考えれば建設改良費はどのように見積もれるのか、料金設定と起債を組み合わせてどのような資金調達があり、どの程度の財務状況まで許容するのか、考えることは多岐にわたります（技術系・事務系ともお互いの最低限の知識を持ち寄り、領分を決めずに議論できる状況を作るというのはとても大切なことだと思います）。

二つ目は、資産管理という手法そのものが、無意識的に「現在施設の維持」に向かわせやすいことを意識した上での活用です。人口減少など事業環境の変化、特に需要側の変化を取り入れるのは必須として、そのような需要減の中で現在施設が必要なはずはありません。容量縮小、いわゆるダウンサイジングをはじめ、施設配置の変更、他事業との施設共用化など、様々なことが起こるはずです。

今後の資産管理を考えれば、結局のところ水道計画の本論に戻っていくことが自然と理解できるはずです。一つ目のシミュレーションゲームで、現行の事業内だけでなく事業範囲を動かすなど、いろいろ試してみることをお勧めします。

三つ目は、内部でのシミュレーションを行い、資産管理を定量的で強力な広報手段とすることです。今後の方向性を定量的に示し、利用者との対話、理解を求めるツールとして活用することをお勧めします。ある程度限定的な解答を求める手段として資産管理を活用するのは、この段階になってのことかと思います。

水道計画の講でも述べましたが、水道施設計画は、地勢・水文などの自然環境に支配される上流部の水源～取水～浄水～送水部分と、都市形態、つまりまちと人の生活に支配される下流部の配水管網との二つを、どのようにつなぎ合わせるかです。この中で不確定要素が多いのは需要の分布だけ。どこに発生するかはともかく、絶対量はかなりの確度で推計できますし、大部分はある種の科学、水道工学として答えを出せるところです。こうしたレベルでは、「費用面を含めた解答を持つこと」が水道事業を担当するプロフェッショナルとしての責務だと思います。

よもやま話 10

職員数の推移

昭和55年（1980年）を職員数のピーク（7万4000人弱）に減少傾向にあります。直営職員数4万7576人、外部委託人員を合わせて5万3743人といった状況（平成30年）で、水道事業は支えられています。

今後、全人口もそうですが、それ以上に現役世代（労働人口）の減少が見込まれています。この減少傾向と同様に直営職員数が減少すれば、2050年には、3万3000人余で1億人弱の給水人口を支えなければなりません。人口構造の変化に応じた担い手の数も今後大きな課題になるものです。

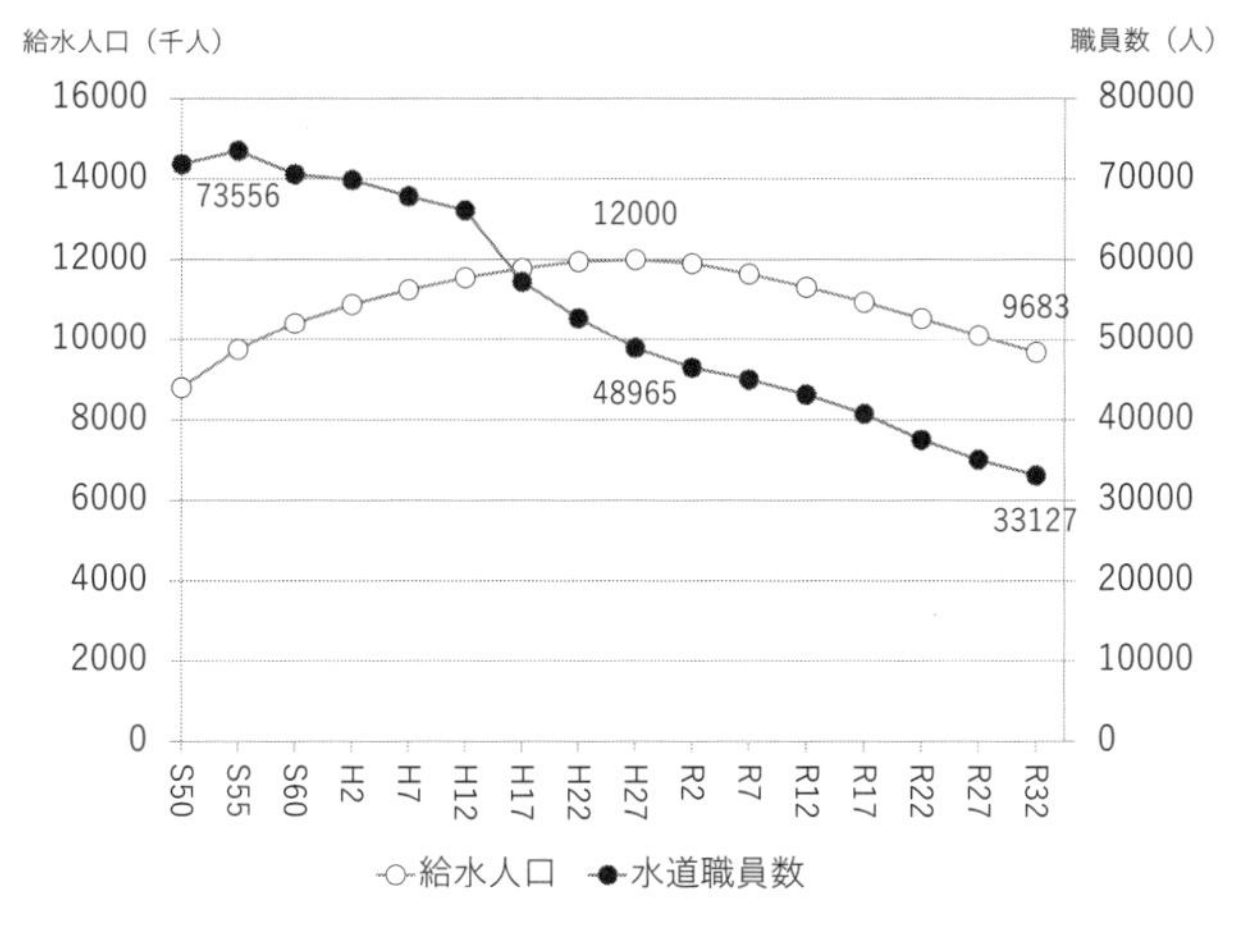

図29　給水人口と水道職員数の推移

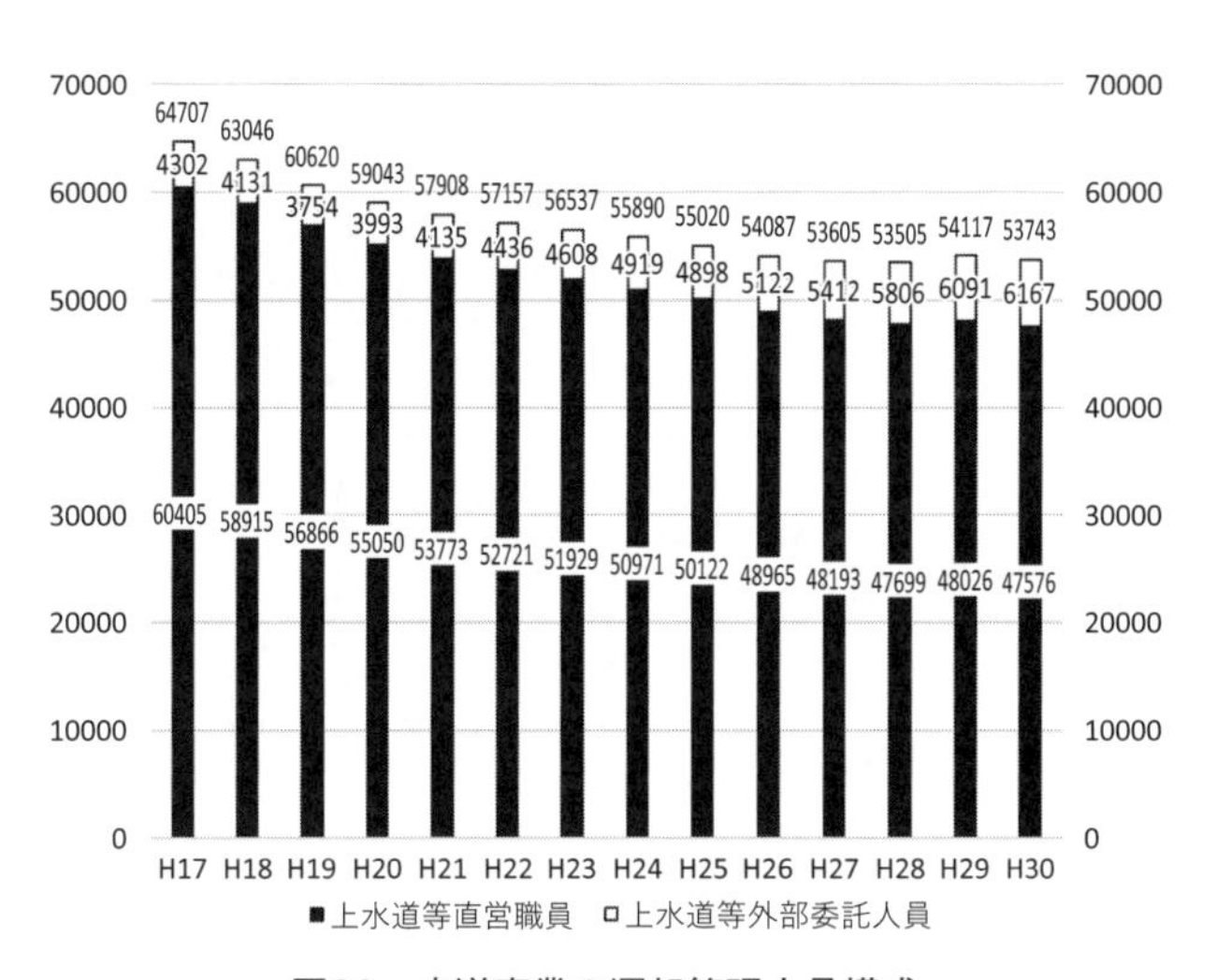

図30　水道事業の運転管理人員構成

3　民間委託　官民連携の基礎

水道事業の運営体制を考える上で、外部委託は避けて通れない状況でしょう。もともと直営職員で事業を実施するところから始まっており、事業主体側が地方公共団体のため、これを「民間委託」と呼ぶのが水道関係者の中では一般的になっています。直営職員数の減少から、水道事業の運営管理の一部を民間企業に委ねるようになり、新たな事業運営体制が出てきたここ20年ぐらいです。この状況の中で、「官民連携」、「PPP（パブリック・プライベート・パートナーシップ）」といった言葉が一般的に使われるようになっています。

ここでは、よく使われる〝民間委託〟の具体事案を踏まえて、かなり乱暴ではありますが、類型化を試みたいと思います。

近代水道創生期の明治末期を見ると、水道施設の整備（布設）の際、資材のほとんどを輸入資材に頼っています。資材の国産化が、国内の水道関連民間企業が担った最初の業務と言えます。その後も細かい資材などは大規模事業者では内製していたようですが、これらが民間調達に変わっていったという経緯もあります。

資材だけでなく施設整備、具体の施工を民間工事業者に委ねるようになったのが次の段階でしょう。設計業務をいわゆるコンサルタントに委託するのが戦後の普及期に一般化していますが、ここまでは全て施設整備関連業務の民間委託であって、その後、具体の事業運営に民間企業を組み込むようになり、現在、話題によく上がる民間委託、乱暴に単純化すると「官民連携」と呼ばれるような現況ができたと言えます。

この時点になって大きく民間委託が進んだ分野は、メーター検針や料金徴収、今流に言えば顧客管理や顧客サービスの分野です。ここから、水道施設の運転管理業務に運転管理員（オペレーター）を人材派遣するようになって、民間委託の現在の状況があるように思います。この分野はもともと休日や夜間の民間委託（警備や最低限の監視）から始まっています。

このような状況を踏まえた上で、具体の委託形式を見てみましょう。

直営職員のマンパワー不足を補う形で行うものを、業界用語で〝手足業務委託〟などと言っていましたが、まさに直営体制の補完です。これに対して、ある一定の業務機能を切り出して、それを全て民間委託する「包括委託」と呼ばれる態様が出ています。何を一定とするかで様々な委託形式があり、何か外見的に標準の形式があるわけではありません。内部組織で実施する際でも、課とか事務所とか、ある内部組織を一定の責任権限に分割していますが、この単位をまるごと民間に委託するものとの理解でいいかと思います。浄水場の運転管理を全て民間企業に任せ、直営職員を常駐させない態様などが典型例です。

このような包括委託の中で、水道法に基づく水道事業者の責務を含めて担うものを「第三者委託（水道法第24条の3）」と言います。この第三者委託制度は、技術上の業務、事業実施の役務に着目しているところに特徴があります。これに対して、水道施設に着目し、その施設関連業務の外部委託を制度化したものが、地方自治法に基づく指定管理者制度や、いわゆるＰＦＩ法に基づく委託制度（従来型の民間施設整備制度や施設運営権制度）です。

この分野で使われている言葉の多くは具体的な態様を指すものではありません。何に着目して使われている言葉か、そこに注目して整理していくことが理解を進める糸口です。

よもやま話 11

国際水道会社

公営でなく民営水道主導の歴史を持つのは世界的にみてもフランスぐらいで、現時点で国際水道会社と言えるような展開を見せているのはフランスの2社（ヴェオリア、スエズ）ぐらいです。この2社を紹介します。フランスの上下水道は、ほぼ2社寡占状態で、ヴェオリアからスエズの買収提案がなされ、合意に至ったとの報道もなされています。国内の市場独占を巡ってどのような展開になるのか注目です。

①ヴェオリア

1853年に「ジェネラル・デゾー」として創始し、関連企業の買収等を経て2013年に現在のヴェオリアとなっています。

2019年度の売り上げは271億8900万ユーロで、9800万人の水道、6700万人の下水道、年間5000万トンの廃棄物処理を行っています。同社は、2002年日本にも進出し、ヴェオリア・ジャパンとして、西原環境（エンジニアリング）、ジェネッツ（料金徴収・顧客サービス）、フジ地中情報（漏水管理・料金徴収）などを傘下に収め各地の上下水道や廃棄物処理を行っています。

②スエズ

1880年リヨネーズ・デゾーとして創業し、スエズ運河の建設・運営会社であった「スエズ」との合併等を経て、グループ内再編、建設部門の売却などの後、2001年に社名を「スエズ」へ変更、グループ内水関連事業のブランド「オンデオ」を掲げました。

2008年には、国営ガス会社のGDFと合併し、GDFスエズ傘下の「スエズ・エンバイロメント」（水道・廃棄物事業）となりました。2015年には「Engie（エンジー）」に社名変更し、2016年には再度「スエズ」に変更しています。

2019年度の売り上げは180億1500万ユーロで、71億㎥の飲料水供給、47億㎥の汚水処理、年間4600万トンの廃棄物処理を行っています。

4　広域化と広域連携　地域全体での再評価

水道事業の広域化は古くて新しい話題という印象があります。このような議論の始まりは、私の知る限りではありますが、１９７３年に生活環境審議会が提出した「水道の未来像とそのアプローチ方策に関する答申」だと思います。ここでは「広域水道圏の設定」といったものが示され、遠い（？）将来としては電力事業が念頭にあったのか、全国数ブロックといった記述も見られました。「都道府県ごと数ブロックを目標に設定する」といった今なお実現し切れていないことが〝当面の目標〟とされています。

広域化の議論は、基本的に「市町村経営原則」とする水道事業において、単一市町村を越えた事業間連携、何らかの事業運営の協働化と言えます。これまでの全国の水道事業の展開を見れば、１９８０年頃に広域水道、もしくは広域水道事業と呼ばれた、水資源開発と浄水機能を共同化する用水供給事業の創設や、市町村の共同体である一部事務組合形式の水道事業などが、その具体事例の始まりでしょう。このような事例は、新たな事業の創設など、事業（単位）の外形的で明確な動きがあり、分かりやすい変化だったと思います。このように各所の事情から始まる、市町村単独事業ではない新たな事業形態の動きという現実的な話と、戦時体制でできあがった電力事業の地域ブロック制を模した理想像を、同時に議論していたのがこの時代のように見えます。

今般の広域化議論は、事業単位、事業の統合などの態様だけでなく、業務の共同化、施設の共用化など広く事業間の協働化を対象とするものに移行してきています。事業単位の議論は、事業主体や料金制度など、何かと地方行政間の差異への対応が課題となりますし、住民感情、ひいては政治問題にも波及しやすいものです。

このような協働化は、実質的な水道事業のあり様を議論するものと整理できます。良くも悪くも事業単位で水道事業を考えていたところから、ある地域全体として、どのような水道資産をもって地域を支えるのかを、人口減少社会に象徴される今後の事業環境の変化を前提に、現状施設（配置と容量）との関係から現実的に考え直すこと、それが今日的な広域化を含めた広域連携の議論だと考えています。

5　水道事業の実施体制のまとめ

水道事業の組織面から始まり、水道事業のあり方についての議論で頻出するキーワードを簡単にまとめました。この講は各論のまとまりですので、まとめらしいまとめもしにくいところです。各論の関係や、全体をどう理解するかを中心にまとめます。

用水供給事業からの受水がなく末端供給事業で完結しているところであれば、自らの事業の体制を知ると、水道事業に必要な機能とそれに必要な人員の関係は比較的分かりやすいものです。ただ、水源施設管理まで全て水道事業で担っているところは、そう多くはないはずです。水源施設と用水供給事業、そして末端供給事業の三つの人員体制を見ない限り、比較も評価もできないはず。そういう意味で、個々の事業単位だけでなく、これらの事業の総体で水道事業を考えることもしてみてほしいです。費用面についても、人員面や施設面についても、これらの合算、連結決算で考えてみると新たな水道の姿が見えるはずです。

事業体力を考えれば、現在の水道事業は数も多すぎますし、一つひとつの事業で持てる人員も今後の課題に比して少なすぎます。広域化・広域連携、官民連携、資産管理といった今後の水道事業の方向性を示すキーワードは、いずれも古くて新しい概念と言えます。長年使われてきたこれらの言葉が、どういう意味や概念を示すもので、今日的な意味はどこに移ってきているか、これらを意識的に整理・理解することで、単なる一般論から、具体の事業のあり方を示す具体施策を検討できるものと思います。このような性格の図書では一般論から先に行くことはできませんが、ここを出発点にして皆様なりの概念に消化してもらえればと思います。

よもやま話 12

浄水ことはじめ

国内初の浄水処理（緩速ろ過処理）は、近代水道の歴史とともに横浜水道の野毛山貯水場（関東大震災で被災し廃止。現在は配水池跡となっており、隣接して現在の野毛山配水池が整備されている）に始まります。

最初に急速ろ過を行ったのは、京都市の蹴上浄水場です。自然流下に適した敷地の不足による採用とされています。

マンガン処理のマンガン砂法は、地下水を水源とする京都市淀浄水場（昭和34年）、鉄処理の接触ろ過法は、長岡市黒条浄水場（昭和37年）です。

日本発の傾斜板沈殿池は、緩速ろ過の広島市牛田浄水場、急速ろ過では銚子市本城浄水場となっています。

オゾン・活性炭処理は、千葉県柏井浄水場（昭和55年）になります。

海水淡水化は、多段フラッシュ蒸発法、電気透析法などを経て、逆浸透法に至っており、長崎県福島町が第一号とされています。大型の逆浸透法は、沖縄県北谷（ちゃたん）浄水場に隣接する海水淡水化センター（4万m³/日、平成4年）、福岡地区水道企業団の海の中道奈多海水淡水化センター（5万m³/日、平成17年）となります。淡水水源の膜処理としては、山梨県櫛形町（平成7年）が初採用とされ、最大のものは、ＰＦＩで再整備された横浜市川井浄水場（平成26年）です。

第7講

水道法の楽学・中級編

ここでは、水道法の全体構成に導入を求め、水道法がどういう法律で、何を求めている法律なのかをご紹介しようと思います。法律というと何か難しい、読みにくいものと思われるかも知れませんが、糸口さえつかんでしまえば、それほど難しいものでもありません。

難しいと感じる原因の多くは、水道法という法律そのものというより、その読み方にあります。そもそも法律を読もうとする状況は、法律全体を理解するというより、個別規定の適用と解釈が必要な場合かと思われます。もしこのような状況の打開策としてこれを読まれるならば、残念ながら期待には沿えないかと思います。それであれば、直接的に水道法逐条解説へ。ここでは、そのような個別規定の適用や解釈でなく、水道法というもの全体が水道や水道事業に対してどのようなことを求め、結果としてどのような法的効果を期待しているのかを理解していただきたいと思います。

このような全体理解があれば、個別の規定についての理解が深まることは保証しますが、その範囲であることをご承知ください。あくまで水道法の全体理解と皆様それぞれの立場に期待することを追っていきたいと思います。

1　水道法の構成

まずは水道法の章立てを見てみましょう。九章構成となっています。

第一章　総則
第二章　水道の基盤の強化
第三章　水道事業
第四章　水道用水供給事業
第五章　専用水道
第六章　簡易専用水道
第七章　監督
第八章　雑則
第九章　罰則

第一章に法目的、各者の責務、用語の定義、水質基準、施設基準の五条が規定されています。法目的は、水道法の各種規制が何を目的としたものかを示すもので「公衆衛生の向上と生活環境の改善」を目的とするとしています。そのために、「清浄にして豊富低廉な水の供給」を図るものとされており、これが目的達成のための〝手段〟となっています。

水質基準、施設基準は、全ての水道が満たすべき要件としていますが、それを遵守させるための規制等の行政関与の強度は、影響を与える範囲を示す「水道の規模」により異なります。水道は、認可制から規制を行わない自己責任のものまであり、このことが第三章以降で明らかになります。

第二章には、個々の水道や事業でなく、水道という社会基盤の強化のための規定が定められています。国が定める基本方針、都道府県が定める水道基盤強化計画、協議会が規定されています。

第三章には、水道事業に関する認可制を中心にした規制体系が示されています。

第四章は、水道用水供給事業についての内容です。基本的に水道事業と同様の規制体系ですが、個々の利用者に対する配水機能がないという事業特性を考慮し、いくつか水道事業に適用される規定が除外されています。

第五章は、専用水道です。水道事業が不特定多数を対象とするのに対し、専用水道は特定需要を対象とします。これについては、施設設置時に都道府県知事の確認を必要とします。

第六章は、簡易専用水道です。水道事業から供給される水のみを原水とする水道で、アパート・マンション、ビルなどの大型建築物の内部施設が典型的です。これについては、設置者に対して適切な管理義務を課しています。

事業規制等の内容については、逐条解説に譲ることとし、ここでは主に第二章に関連する水道の基盤強化について紹介します。

2　水道法の基本内容

『すいどうの楽学　初級編』の「水道法の楽学」と内容的に重なるところなので、そちらを読まれた方はとばしていただいても支障ありません。水道法の基本内容をここでまとめておきます。

すでに構成は見ていただいた通りです。

水道法は水道全てを対象とした法律ですので、まずは「水道」をどのように定義しているか、から始めましょう。

■「水道」の定義

「水道」とは、「導管及びその他の工作物により、水を人の飲用に適する水として供給する施設の総体」とされています。

このうち「水道施設」とは、「取水施設、貯水施設、導水施設、浄水施設、送水施設及び配水施設であって水道事業者、水道用水供給事業者、専用水道設置者の管理に属するもの」

とされています。

また、「水道施設」のうち「給水装置」とは、「水道事業者の設置した配水管から分岐して設けられた給水管及びこれに直結する給水用具」とされています。

水道事業者に限定して考えると、
水道 ＝ 水道事業者資産の「水道施設」＋ 個人資産の「給水装置（給水管＋給水用具）」

と整理できることになります。

水道は施設総体で、その所有や管理権限と無関係に定義されており、その観点で水道を区分すると「水道施設」（水道事業者が持つ）と「給水装置」（利用者個人が持つ）に区分されることが分かります。

水道施設の定義を見ると、「取水～貯水～導水～浄水～送水～配水」となっており、貯水施設というのは、その順番から見て、ダムやダム湖ではなく、いったん、取水した後に貯留する、原水貯水池・調整池を意味するものと解釈できます。

このうち、取水～浄水までは、水道原水が通る施設群です。浄水施設で水道水（飲用適の水）に変わり、浄水～送水～配水は水道水が通る施設群になっていることが分かります。基本的に浄水以降は、有圧で水が運搬され、水道水が外に触れることはありません。水道の世界では、「有圧下にある」ということは、外に触れないこと、すなわち水の汚染から守られていることを意味します。逆に「圧力解放」と言うと、外界と触れていることであり、何らかの管理行為がないと水の汚染の可能性がある状態ということになります。

集合住宅やビル内の給水施設は、それぞれ独立した水道（貯水槽水道、簡易専用水道）とされていますが、これは貯水槽をもって「圧力解放」され、その点で水道事業者の管理範囲を離れるとしたことによります（70ページ「ミニ知識　漏水・漏水量」参照）。

■水道法の規定と施設概念

水道法の規定は、水道そのもの・施設に関する規定と、水道に関わる者・人に関する規定の二つに分類できます。前者の規定は総則にあり、後者の規定がそれ以降にあります。

水質基準や施設基準は、水道そのものに関する規定で、水道が持つべき属性として規定されています。それ以降は、「水道事業者」や「水道用水供給事業者」、「専用水道の設置者」といった水道に関わる者に関する規定であることが注目ポイントです。個々の規定を読むときも「主語が何か？」を意識すると分かりやすくなると思います。

「水道」は、個々の利用者に〝飲用適な水を供給する〟という機能を発揮するための施設の総体で、誰のものか、誰が管理するのかを問題にしない概念です。一方、個々の許認可や規制は、関与する者にかかるため、その者が水道の何を持って何を担うかが問題となり、前述の「水道施設」や「給水装置」といった所有・管理と連動した施設概念が必要になります。

■市町村経営原則

水道法では、水道事業経営の主体として市町村を原則とすることが明文化されています。これは、当初の水道法にはなかった規定で、広域的水道整備計画やこれに関連する責務規定を追加改正した際に明文化されたものです。日本の場合は、国、都道府県、市町村、と行政体が三層構造になっています。国は、国として存立するための機能を、市町村は基本的に住民の直接サービスを、都道府県は、市町村で足りない広域行政を担うこととなっています。これら三者の基本機能を考えれば、水道事業が市町村によることを原則とするのは当然と言えるところでしょう。

一方、高度成長期以降、特に大都市圏においては、都市化と人口増加によって近隣環境の中で水需要を充足させることが難しくなり、広域的な対応を余儀なくされました。こういう事態を背景に追加改正されたのが、前述の広域的水道整備計画などの一連の規定です。まさに用水供給事業が一般化した高度成長期の昭和52年改正で追加されています。当初の水道法、さらには、それ以前の水道条例から市町村経営原則は明文化せずとも当然のことではありました。水道法において、これ以前、水道計画とは水道事業の中のものでしたが、事業範囲を超えた水道計画の必要性から広域的水道整備計画が都道府県計画となり、改めて都道府県と市町村の関係が明記されました。

市町村が担う水道事業と広域的な計画論の違いを明確にするため、このように明文規定されました。これは、平成30年改正で導入された「広域的水道整備計画」改め「水道基盤強化計画」関連規定に見る「水道の基盤強化」施策への起点となるものです。

3　水道の基盤強化

ここからは改正水道法（平成30年改正）において中心的な事項となる水道の基盤強化を取り上げます。改正事項の概要を先に知りたい方は、この後にまとめた「改正水道法の概要」（150ページ）に進んだ上でここに戻っていただければと思います。

この基盤強化は、社会基盤としての水道事業等（水道事業、用水供給事業）が、その求められる役割を果たすため、基本的な部分から強化していく必要があるとの認識から始まっています（この認識を反映させるため法目的の改正を行っています）。完全普及というべき約98％の普及率となった水道は、特に大都市圏において典型的ですが、水供給という意味で他に選択肢がないため、水道への完全依存を前提に考える必要があります。

多くの事業において、現行施設の老朽化、また耐震性に関する施設レベルの不足など現況についての課題があります。これに加えて、長期人口減少社会など外部環境の変化がある中、従来のやり方では立ち行かない状況と考えるべきであり、人口減少の途についた今、中長期的な視点でもう一度事業経営のあり方を見直す必要があろうかと思います。

その具体的な方向性として基本方針である「水道の基盤を強化するための基本的な方針」を示しています。その概要を紹介しましょう。

基盤強化とは、水道事業等が、求められる施設レベルを向上しつつ、事業環境に適用した持続性を確保すること、これに尽きます。そして、今後の事業環境で最も大きな影響があるものは、長期の人口減少という社会構造の変化です。人口減少に伴う需要減を考えれば、多少の時間差はあるにしても個々の事業全てが施設容量の余剰に直面することになります。特に、末端供給事業の不足部分を補う形で進んできた用水供給事業については顕著で、個々の事業ごとに将来像を考えることは難しいどころか、不合理とさえ言えると思います。どのように地域分けをするのか、これ自体が一大問題ですが、少なくとも複数事業が含まれる地域において、施設の統廃合や再配置、耐震化などの施設高度化を同時進行で進める必要があります。これらの実行性を確保するためには、施設台帳の整備・活用から始まる「資産管理」、その上での「広域連携」による将来像の検討、さらに職員定数等からマンパワーに限界があれば官民連携を組み込んだ新たな事業運営体制の検討が必要となります。長期人口減少に象徴される事業環境の変化を考慮した中長期的な方向性を持つ必要がありますし、これらを資金面から支えるため、住民理解に基づく料金の適正化、それらを含む収支見込みなども当然考えなければなりません。

こうしてみると、なにやらいろいろ難しいキーワードがありますが、考えるべきことはそんなに複雑ではないことも見えてくるかと思います。

基盤強化のポイントは、「将来需要を考慮した施設容量や配置の適正化について計画的に対応すること」です。そのための準備や具体手段について、これまでと多少やり方を変える必要があるのではないでしょうか。

「地域同士で連携しながら行う」ことは、施設容量余剰を認識すれば自ずと出てくる解答でしょう。そしてそれは、事業単位ではなく、ある一定の地域単位、具体的には県内数ブロック程度までの単位かと思います。このような単位で具体的な体制を考えると、従来の事業単位の計画論の他に、広域化・広域連携の具体的なキーワード、例えば施設統廃合や施設集約、水源選択・優先順位、そのための危機管理体制、渇水対応、場合によっては部分的な共同事業化や官民連携といったものが加わり複雑に見えてきます。しかしこれらは、単一事業での対応と複数事業での対応により複雑化しているだけで、そういった整理さえ間違えなければ、関係者で方向性を出すことは、そんなに難しくないかと思います。

日本の水道事業の現況を考えれば、地域単位の最大規模は基本的に都道府県単位。このため、都道府県に地域割りと議論の進行役をお願いしたいというのが、水道基盤強化として期待されていることです。また、水道法の規定では、都道府県計画として規定された水道基盤強化計画の策定や協議を行うため、都道府県が組織する広域的連携等推進協議会の設置などが求められています。

■水道基盤強化計画

水道基盤強化計画は、都道府県計画として、従来の広域的水道整備計画に代わり、規定されたものです。

広域的水道整備計画は、人口増加や都市化、1人当たりの水利用量の増加など、従来の水源と施設で足りない施設容量を広域的かつ計画的に整備するためのものでした。事業環境の変化に対応して、末端供給事業（市町村経営が多い）の不足部分を補完するため、市町村の要請により都道府県が広域的に調整、策定する計画でした。

一方で、水道基盤強化計画は、現在状況と将来を見据えて、都道府県域においてどのような施設配置と事業体制で水道事業を支えていくのかを計画するものとなっています。いわゆる水道事業（用水供給事業など広域の事業対応）ではなく、水道行政（広域行政）としての都道府県業務です。現状、広域連携の具体的な体制が用水供給事業であることから、事業部局と行政部局で連携しながら進めるのは、当然の姿かと思います。

とはいえ、市町村別の末端事業が中心であることは紛れもない現状です。現在の事業体制、施設配置と容量といった現況をきちんと把握した上で、将来起こるべくして起こる人口減少を中心とした事業環境の変化にどう対応するか、まずは、こういった問題意識を持ち話し合いを行うグループ作りから始めるのが現実的かと思います。過度に広域化や事業連携を考えるのではなく、今後のために地域として何が必要か、基本認識を構築することが先でしょう。その上で、具体的な体制移行について時期と具体的な姿を検討していき、県内のブロックをどのように設定するか、まずはそこから関係者間で議論していただければと思います。

「広域的連携等推進協議会」という法定協議会も規定されましたが、こういったものになると何らかの目標や結論を求めざるを得ません。まずは、交流会、勉強会、研究会、その上で任意の協議会、その先に法定協議会の議論があるように思います。これまでの積み重ねによる、それなりの完成形が現在の事業体制ですから、これを変えていくことは簡単ではなく、時間も必要かと思います。一方で、今後の事業環境の変化を考えれば、これに順応、適応していくことが必要でしょう。時間を必要とすることは仕方ないですが、どのような形であれば積み上がる議論になるのか、これだけは関係者で熟考していただければと思います。

4　改正水道法の概要

水道基盤強化について述べてきました。最後に、ここまで触れてこなかったその他の改正事項も含めて改正事項全体を簡単に記述します。改正の概要として、次の5項目を挙げています。

①関係者の責務の明確化
②広域連携の推進
③適切な資産管理の推進
④官民連携の推進
⑤指定給水装置工事事業者制度の改善

具体の改正事項はこの5項目に整理できますが、その前提として「⓪法目的の改正」を挙げたいところです。「水道の計画的整備」と「水道事業の保護育成」から、これらを含めて広く「水道の基盤強化」を求める法目的に改正しています。これを前提に具体の改正事項5項目を見ていきましょう。

①関係者の責務の明確化

水道関係者がそれぞれの立場から水道基盤強化を図ることを明文化しています。ある意味当然でもありますし、これまでも行ってきたことではありますが、責務として明文化したところです。特に、都道府県には、後段の広域連携への努力を求めています。

②広域連携の推進

基盤強化の具体策として中心的な意味を持つ「広域連携」についてです。すでに、内容に関しては前述していますので、改正事項だけを挙げます。

国が基本方針を定め、これに基づき都道府県が市町村と水道事業者の同意を得て、「広域連携の推進を含む水道基盤協会計画を定めることができる」としています。

③適切な資産管理の推進

基盤強化のための前提条件を明文化して規定しています。「水道施設の維持修繕」、「施設管理のための水道施設台帳の作成」、「水道施設の計画的更新」、「更新費用を含む事業収支の作成と公表」を求めています。

④官民連携の推進

官民連携の一施策として、「民間資金等の活用による公共施設等の整備等の促進に関する法律（通称ＰＦＩ法）」に規定される「公共施設等運営権設定方式（コンセッション方式）」を水道事業に適応する際の関連規定の整備を行っています。

ここでいう「公共施設等運営権」とは、民間委託の一つで、利用料金の徴収を行う公共施設について、施設の所有権を地方公共団体が持ったまま、施設の運営権を民間事業者に設定する方式です。水道事業者と民間事業者の委託契約関係の適正化を図るため、ＰＦＩ法において議会承認を得るとともに、水道法に基づき厚生労働大臣の許可を得ることを求めています。

⑤指定給水装置工事事業者制度の改善

従来、指定給水装置工事事業者（＊5）については、各水道事業者の指定制としていました。今回この制度に5年の更新制を導入し、休廃止の実態を反映し適正な施行実績を持つ工事業者が指定工事業者となるよう措置しています。これもある意味、官民連携推進のための基盤作りと言えると思います。

参考までに平成30年水道法改正の概要と水道法全体の概要を次に示します。

（＊5）配水管から各利用者への給水管による接続を行う工事業者。

平成30年水道法改正の概要

改正の趣旨

人口減少に伴う水の需要の減少、水道施設の老朽化、深刻化する人材不足等の水道の直面する課題に対応し、水道の基盤の強化を図るため、所要の措置を講ずる。

改正の概要

1．関係者の責務の明確化

①国、都道府県及び市町村は水道の基盤の強化に関する施策を策定し、推進又は実施するよう努めなければならないこととする。

②都道府県は水道事業者等（水道事業者又は水道用水供給事業者をいう。以下同じ。）の間の広域的な連携を推進するよう努めなければならないこととする。

③水道事業者等はその事業の基盤の強化に努めなければならないこととする。

2．広域連携の推進

①国は広域連携の推進を含む水道の基盤を強化するための基本方針を定めることとする。

②都道府県は基本方針に基づき、関係市町村及び水道事業者等の同意を得て、水道基盤強化計画を定めることができることとする。

③都道府県は、広域連携を推進するため、関係市町村及び水道事業者等を構成員とする協議会を設けることができることとする。

3．適切な資産管理の推進

①水道事業者等は、水道施設を良好な状態に保つように、維持及び修繕をしなければならないこととする。

②水道事業者等は、水道施設を適切に管理するための水道施設台帳を作成し、保管しなければならないこととする。

③水道事業者等は、長期的な観点から、水道施設の計画的な更新に努めなければならないこととする。

④水道事業者等は、水道施設の更新に関する費用を含むその事業に係る収支の見通しを作成し、公表するよう努めなければならないこととする。

4．官民連携の推進

地方公共団体が、水道事業者等としての位置付けを維持しつつ、厚生労働大臣等の許可を受けて、水道施設に関する公共施設等運営権※を民間事業者に設定できる仕組みを導入する。

※公共施設等運営権とは、PFIの一類型で、利用料金の徴収を行う公共施設について、施設の所有権を地方公共団体が所有したまま、施設の運営権を民間事業者に設定する方式。

5．指定給水装置工事事業者制度の改善

資質の保持や実体との乖離の防止を図るため、指定給水装置工事事業者の指定※に更新制（5年）を導入する。

※各水道事業者は給水装置（蛇口やトイレなどの給水用具・給水管）の工事を施行する者を指定でき、条例において、給水装置工事は指定給水装置工事事業者が行う旨を規定。

⑤布設工事監督者の資格制度（第12条）。
⑥給水開始前の厚生労働大臣等への届出及び検査（第13条）。
（2）給水義務等（第14条、第15条）
水道事業者は、料金その他の供給条件について供給規程を定めなければならない（第14条）。

水道事業者は、給水区域内の需要者に対し、常時給水の義務を負う。
（3）給水装置（第16条、第16条の2、第25条の2～第25条の27）
①給水契約の申込拒否等：水道事業者は、給水装置が構造及び材質の基準に適合しないときは、供給規程に基づき、給水契約の申込拒否、給水停止が可能。
②水道事業者による給水装置工事事業者の指定（更新性）が可能。
（4）給水装置の検査及び検査の請求（第17条、第18条）
（5）水道技術管理者の設置（第19条）
（6）水質検査の実施（第20条～第20条の16）
（7）健康診断（第21条）
（8）衛生上の措置等
①衛生上の措置（第22条）、②水道施設の維持及び修繕（第22条の2）、
③水道施設台帳（第22条の3）、④水道施設の計画的更新等（第22条の4）
（9）消火栓の設置義務（第24条）
（10）需要者に対する情報提供（第24条の2）
（11）業務の委託（第24条の3）
水道事業者等は水道の管理に関する技術上の業務を委託可能。厚生労働大臣等への届出義務。
（12）水道施設運営権の設定の許可等（第24条の4～第24条の13）
施設の利用料金を自ら収入として収受する水道施設運営事業における厚生労働大臣許可制度等。
（13）簡易水道事業に関する特例（第25条）

8．水道用水供給事業（第26条～第31条）
①事業の認可、②事業の休止及び廃止、③給水契約の定めるところによる給水義務、
④水道技術管理者の設置、⑤水質検査、⑥業務の委託

9．専用水道（第32条～第33条）
①都道府県知事等による設計の確認、②専用水道技術管理者の設置、③水質検査、④業務の委託

10．簡易専用水道（第34条の2～第34条の4）
①設置者に対する基準に従った管理義務、②設置者に対する定期検査の受検義務　等。

11．監督（第35条～第39条）
①認可の取り消し（第35条）、②改善指示（第36条）、③給水停止命令（第37条）、
④報告徴収・立入検査（第39条）

12．災害等の場合の連携・協力（第39条の2）

13．緊急応援命令（第40条）

14．合理化勧告等（第41条、第42条）

15．水源の汚濁防止のための要請等（第43条）

16．国庫補助等（第44条～第45条の2）

水道法の概要

1．目的（第1条）

水道の布設・管理の適正化・合理化と基盤強化により、清浄・豊富・低廉な水の供給を図り公衆衛生の向上と生活環境の改善とに寄与

2．責務（第2条、第2条の2）

（1）国：清潔保持、水の適正・合理的使用、基盤強化、技術的・財政的援助

（2）地方公共団体：清潔保持、水の適正・合理的使用

（3）都道府県：基盤強化

（4）市町村：区域内の基盤強化

（5）水道事業者等：適正・能率的に経営、基盤強化

（6）国民：施策協力、清潔保持、水の適正・合理的な使用

3．用語の定義（第3条）

①水道：導管及びその他の工作物により、水を人の飲用に適する水として供給する施設の総体。

②水道事業：一般の需要に応じて水道により水を供給する事業（計画給水人口101人以上）。

③簡易水道事業：水道事業のうち計画給水人口が5千人以下である水道により水を供給する事業。

④水道用水供給事業：水道により水道事業者に対してその用水を供給する事業（分水を除く）。

⑤専用水道：寄宿舎、社宅、療養所等における自家用の水道その他水道事業の用に供する水道以外の水道で、101人以上若しくは20㎥／日以上のもの。

⑥簡易専用水道：水道事業の水道、専用水道以外で、水道事業の水のみを水源とするもの。

⑦給水装置：水道事業者の配水管から分岐して設けられた給水管及びこれに直結する給水用具。

4．水質基準（第4条）

水道により供給される水は水質基準に適合すること。

5．施設基準（第5条）

水道は、取水施設、貯水施設、導水施設、浄水施設、送水施設及び配水施設の全部又は一部を有すべきものとし、施設基準に適合すること。

6．水道の基盤強化（第5条の2～第5条の4）

（1）厚生労働大臣は基本方針を定める。

（2）都道府県は、基盤強化計画を定めることができる。広域的連携等推進協議会を組織することができる。

7．水道事業

（1）事業認可等

①水道事業は、市町村経営を原則（市町村の同意により他者の経営が可能。）とし、厚生労働大臣の認可が必要（給水計画人口5万人以下の事業については都道府県知事の認可）（第6条）。

②認可の申請及び認可基準等（第7条～第9条）。

③事業の変更の認可（第10条）。

④事業の休止及び廃止の許可（第11条）。

おわりに

水道人中級編卒業者へ　上級者に向けて

ここまで、細かいところはともかく、水道事業で知っておかなければならないことは一応、網羅したつもりです。実はかなり難しいテーマを取り込んでいますし、これらが全て頭に入れれば上級者の入口ぐらいには来ていると自信を持っていただいて大丈夫です。

水道事業の難しさは、その一般論や平均像と個々の地域性とのバランスをとりながら理解していかなければならないところにあります。ある地域の水道事業のあり様を考えるときに、私のように国の立場で、統計を主体に全国計や平均からだけ考えるのであれば、それは不完全と言わざるを得ません。そういう意味では、こういった教科書的なものの避けがたい限界でもあります。一方で、地域性からスタートして自らの事業の中だけで考える、経験と現場主義だけで水道事業を考えることも、これからの事業環境の変化の大きさを考えれば、やはり対応力という意味で十分とは言いにくい状況です。

全国的な状況といっても、まさに国全体の動きが全国に波及して地方の動きを支配するような事象と、個々の地域ごとの動きが支配的で、その結果として全国の動きが規定されるようなものと、2通りがあるように思います。人口構造の変化のような社会現象は、前者の全国が全体を支配する事象ですが、一方で、水道の施設構造を大きく支配するのは、地勢・水文といった自然環境的な要素になります。また、過去からの行政区分や歴史的な地域割りといった要素、さらには生活圏、通勤圏、生活感覚なども水道事業に大きな影響を与えるもので、これらのせめぎ合いの中に、これまでの、そしてこれからの水道事業があります。

初級編から続く中級編までの内容を知ることで、水道事業の全体を把握する、それに足りる基礎知識だけは揃っているかと思います。これまで水道全体の知識の整理箱を用意することを意図して進めてきました。今後は、さらに情報と経験を加え、専門性と全体理解の両面を持って、水道事業に携わってもらえればと思います。

最後に、日本国内では数少ない水道工学の専門教育を受けた一人として、衛生環境工学と言われるものがどのようなもので、どのようなことを勉強する課程なのかを述べたいと思います。

上下水道工学は、衛生工学（Sanitary Engineering）から名称を変えた環境工学（Environment Engineering）分野の一つです。工学部の中で学科として独立する以前は、土木工学科の一講座としてあったもので、現在でもその形式をとる大学が多くありますが、いくつかの大学においては一学科として独立しています。

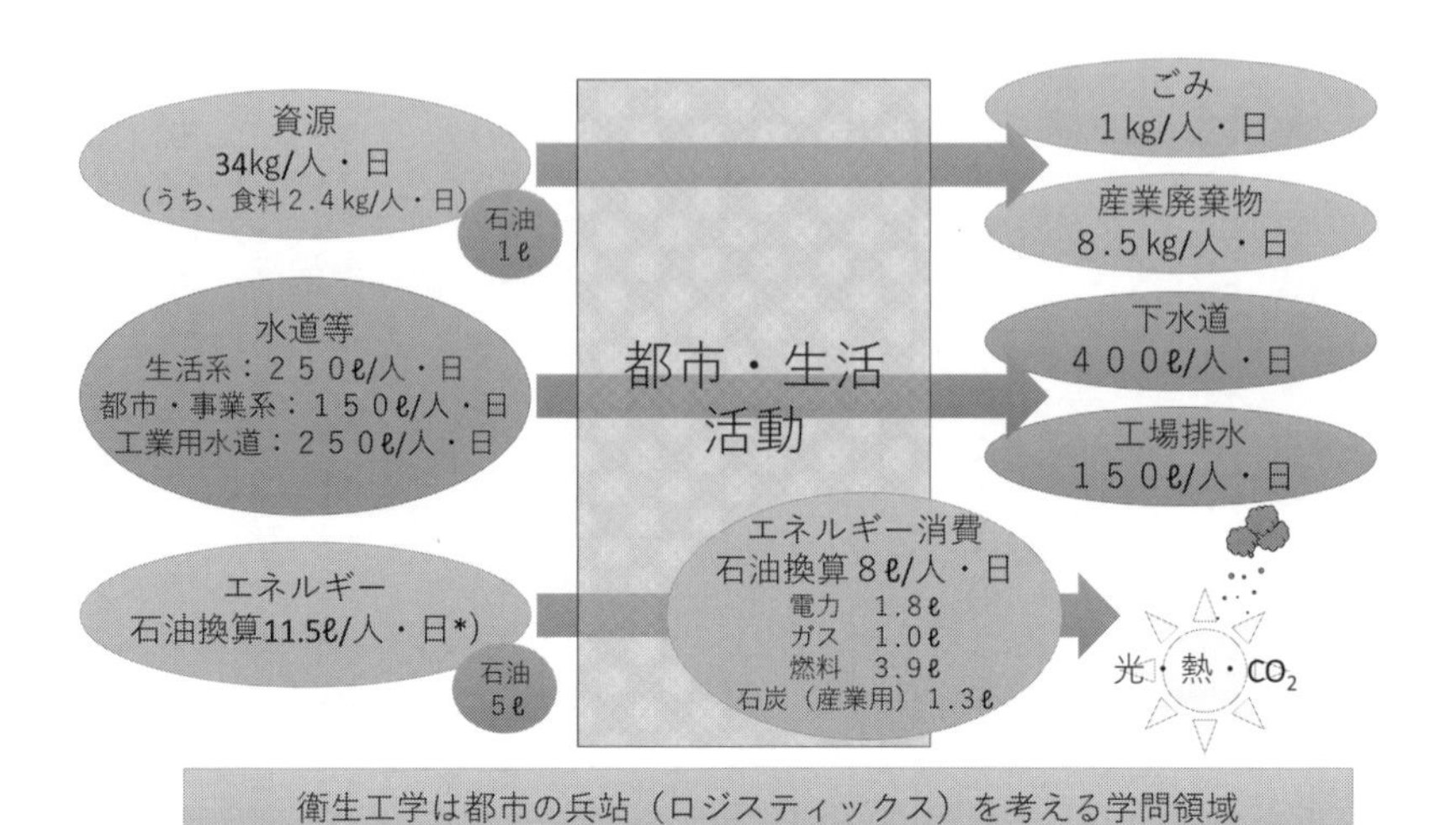

*) 石油輸入量は６ℓ/人・日で、うち約20%の１ℓ程度は製品資源として利用される
水資源白書、経産省HP、環境白書、エネルギー白書、石油連盟HPより作成

図31　都市の物質・エネルギー収支

公衆衛生という言葉がありますが、衛生工学は人の健康保護、公衆衛生の確保を基本的な課題に設定します。このような社会問題に対応する「課題解決型」の取組みが一つの学問分野にまでなったというものです。直接的な健康保護に対する手段として都市施設による対策を考えるわけで、上下水道が初期の、そして中心的なテーマでした。これが公害や環境問題に広がり、環境工学へと変遷していきます。

都市／市街地という社会活動が行われる物理的な空間において、きちんとその活動ができるように、また、公衆衛生・公害・環境問題によってその活動が阻害されないように、どのような形で水・資源・エネルギーを持ち込み、そして廃棄するか、それを考えるのが基本的な衛生工学の課題設定です。ただし、このうち資源とエネルギーの供給側は、それを扱う専門工学がありますので、衛生工学の受け持つ領域は、結果として、水の供給・廃棄、資源の廃棄としてのごみ・廃棄物、エネルギーの廃棄としての熱や二酸化炭素廃棄になります。こう考えると水道工学は、衛生工学の中で唯一、供給側の立場をとることが分かります。多少、誇大広告をすると、衛生工学は都市ロジスティックス、都市活動を支える兵站（へいたん）（後方支援）を対象とした工学であると考えています。

これまでの都市のあり様が人口構造や社会／産業構造の変化により大きく変わる中で、そのロジスティックス（兵站）を担う水道も、その姿や容量を見直さざるを得ません。その入口にあるのが、まさに今というときだと思います。

◇　◇

ここまで、『すいどうの楽学』に貴重な時間を割いていただき、本当にありがとうございました。少し時間が経って、もう一度読み直してみていただけると幸いです。そのとき、この内容に物足りなさを感じたら、あなたにとってのこの本の役割は終わっています。それが、中級者を卒業した上級者ということです。ここから先は、一冊の本でというわけにいかない専門家の領域で、やはり各分野の専門書に進むしかありません。私の知識や力量では難しいというのもあり、『すいどうの楽学』に上級編はありません。ぜひとも皆様なりの上級編を持っていただければと思います。

【水道業界用語集】

水道関係者がよく使う略称を用語集としてまとめました。この本の中もあえて法律用語など正式名を使わず略称で表記しているところがあります。こういう言葉に慣れていかないと実務的には困ることもあって、あえてそうしています。この本の中もそうですが、聞いたこともない言葉に出会った時の助けになればと思います。

■あ行

あすべすとかん……その名の通りアスベスト管であるが、アスベストでできているわけではなく、コンクリート管の軽量化のためにアスベストを構成材として使うもの。

いちくみ……一部事務組合（地方公共団体の共同事務処理主体）

えんびかん……ポリ塩化ビニル管

えんかん……鉛管（なまりかん）

■か行

がっく……………粒状活性炭。英名頭文字GAC（Ggranule activated Carbon）から。

かんこう…………管工事

かんすい…………簡易水道事業。計画給水人口101人以上5000人以下の中小水道事業。

かんすいきょう……全国簡易水道協議会

ぎょうちん………凝集・沈殿

くばりみず………配水のこと。排水と区別するために使う用語。

くみあい…………一部事務組合。労働組合を指すことも。

げんたんい………1人1日平均給水量、もしくは1人1日最大給水量。

■さ行

じあ………………消毒剤・塩素剤の次亜塩素酸ナトリウム水溶液（じあえん）

じぎょうたい……水道事業体で地方公共団体の水道事業部門を指すのが一般的。法律用語では水道事業者。

じょうすい（どう）…一般には下水道の対義語だが、業界内では簡易水道に対する対義語で上水道事業の略。計画給水人口5001人以上の（簡易水道事業を中小水道事業とすれば）大規模水道事業。

すいだんれん……日本水道工業団体連合会

■た行

だくかん……ダクタイル鋳鉄管

ちこうたい……地方公共団体

でぃーびー……DB。デザイン・ビルド（設計・建設の一体業務、またはその一括発注）

でぃーびーおー……DBO。デザイン・ビルド・オペレーション（設計・建設・運転管理の一体業務、またはその一括発注）

とん（t）……多くは立方メートルの意味。1㎥＝1tの体積と重量の換算が由来。短くて便利。

■な行

にっすいきょう……日本水道協会

■は行

ばっく……………BAC。生物活性炭。英名（Biological Activated Carbon）の頭文字から。活性炭内の微生物による分解も期待する処理。

ぱっく……………PAC。凝集剤のポリアルミニウムクロライド（ポリ塩化アルミニウム）の英語表記の頭文字。

ばんど……………凝集剤の硫酸バンド（硫酸アルミニウム）→ら行「りゅうさんばんど」へ

ぴーぴーぴー……PPP。官民連携（パブリック・プライベート・パートナーシップの英名頭文字）

ぽりかん…………ポリエチレン管

ふんたん…………粉末活性炭。臭気物質を吸着して除去する活性炭の粉末状のもの。

■ま行

まったん…………末端供給事業。用水供給事業の対義表現で水道事業を指す。

めーとる…………当然長さを示すメートルだが、圧力の単位としても使う。圧力を水の高さ（=その高さとなる重さ）で表す。圧力管に穴をあけるとその高さまで上がる（吹き出す）ことから具体現象と合っていて便利。

■や行

ようきょう……水道用水供給事業。用水供給事業とも言う。末端供給事業（まったん）の対義語。

■ら行

りゅうさんばんど…凝集剤の硫酸アルミニウムのこと（硫酸バンドとよく表記するがバンドは英語でなく酸化アルミニウムの和名）。

りゅうべ(い)……立方メートル。メートルの和名略語の米が語源。面積のへいべい（平方メートル）の体積版。

りゅうたん………粒状活性炭。臭気物質を吸着して除去する活性炭でビーズのような粒状のもの。

著者紹介

熊谷和哉（くまがい・かずや）

平成３年北海道大学衛生工学科修士課程修了後、厚生省入省。厚生労働省、環境省、(独)水資源機構などで、水道、浄化槽、水環境、水資源を担当。平成22年厚生労働省水道課水道計画指導室長、(独)水資源機構経営企画部次長、環境省水・大気環境局水環境課長、厚生労働省医薬・生活衛生局水道課長を経て、(独)水資源機構理事（令和３年10月15日現在)。

本書は日本水道新聞で平成29年２月13日～令和２年４月30日付に掲載した「すいどうの楽学　中級編」に加筆し再編集したものです。

すいどうの楽学　中級編

価格1,650円（本体1,500円＋税10%）

令和３年11月１日発行

著者　熊谷和哉
発行所　日本水道新聞社
〒102-0074　東京都千代田区九段南４－８－９
TEL　03(3264)6721
FAX　03(3264)6725
印刷・製本　美巧社

落丁・乱丁本はお取替えいたします。
ISBN 978-4-930941-77-0　C1250　¥1500E